実例満載 Wordでできる

POP・はがき・案内図・暮らしで役立つ書類のつくり方

Word2019/2016/2013対応

のつくり方

実例満載 **Word**でできる

POP・はがき・案内図・暮らしで役立つ書類のつくり方

Word2019/2016/2013対応

Chap 1 商店・書店で使えるPOPや貼り紙

Chap 2　すぐに役立つ案内はがき

Chap 3　貼り紙やはがきに使える案内地図

Chap 4　あると便利な日常の貼り紙や書類

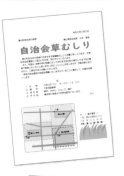

Chap 5　そのまま使えるイラスト・手書き風文字

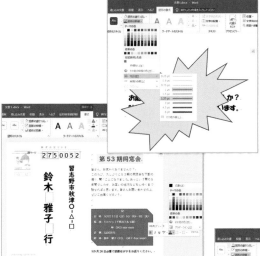

サンプル書類の解説とポイントを紹介！
本書の使い方

使いたい作例を探す

本書の作例ページは、つくりたい書類や知りたい操作がすぐにわかるようになっています。作例をつくるにあたってのポイントとなる箇所には、該当する操作の手順を掲載しているページ数を表記しているので、該当ページを参照すれば、つくり方がすぐにわかります。なお、本書ではWindows 10とワード 2019の環境で解説しています。

作例タイトル
つくりたい作例がすぐに見つかるように、作例内容を示す具体的なタイトルを付けています。

作例のファイル名
作例ページで紹介している書類は、すべて付属CD-ROMに収録しています。

やってみよう
作例で使用している重要な機能です。右側ページで解説しています。

やってみよう操作解説
左ページの「やってみよう」の操作解説です。

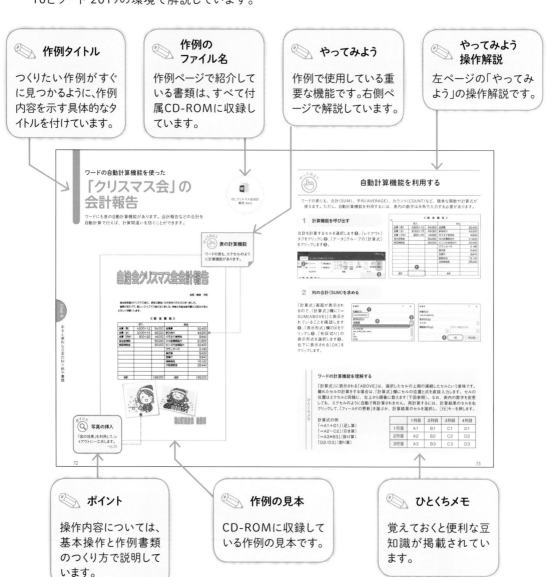

ポイント
操作内容については、基本操作と作例書類のつくり方で説明しています。

作例の見本
CD-ROMに収録している作例の見本です。

ひとくちメモ
覚えておくと便利な豆知識が掲載されています。

基本操作と作例のつくり方を知る

基本的な操作や機能を解説した「ワードの基本操作」と「図形の基本操作」、そして収録されている作例のつくり方を細かく解説した「作例書類のつくり方」で実際の書類がつくれます。

 項目

操作内容、種類がひと目でわかるようになっています。各項目に番号が付いているので、参照するときに便利です。

 操作解説

ワード2019をベースにした解説です。本文と画面上の番号を対応させ、操作する位置がわかるようにしています。

 作例参照ページ

その操作を使用している作例を紹介しています(すべてではありません)。

 操作画面

実際に操作するときのパソコンの画面です(パソコンの設定によって、画面が異なる場合があります)。

 メモやワンポイントアドバイス

項目の補足事項や覚えておくと便利な豆知識などを掲載しています。

作例ファイルを利用するには
CD-ROMの使い方

CD-ROMの収録内容を確認する

収録データは、ワードに取り込んで自由にご利用いただけます。なお、CD-ROMから直接データを読み込むと、そのままでは上書き保存ができません。パソコンにコピーしてから利用してください（p.9参照）。

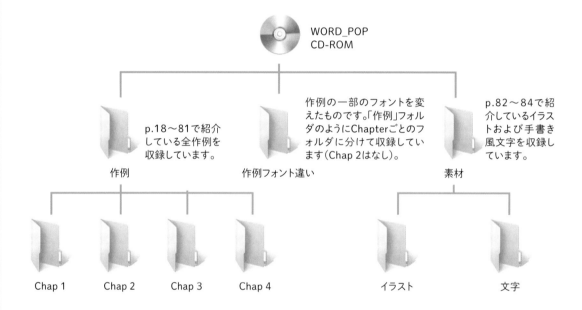

WORD_POP
CD-ROM

p.18〜81で紹介している全作例を収録しています。

作例の一部のフォントを変えたものです。「作例」フォルダのようにChapterごとのフォルダに分けて収録しています（Chap 2はなし）。

p.82〜84で紹介しているイラストおよび手書き風文字を収録しています。

作例　　　作例フォント違い　　　素材

Chap 1　　Chap 2　　Chap 3　　Chap 4　　　イラスト　　文字

CD-ROMから作例データをコピーする

お使いのパソコンのドライブに付属のCD-ROMをセットし、使用したい作例のファイルやフォルダをデスクトップにコピーします。CD-ROMから直接ワードに読み込んだ場合は、上書き保存ができません。必ずデスクトップにコピーしてから使うようにしましょう。

1 CD-ROMのフォルダを表示する

CD-ROM をパソコンのドライブにセットします。メッセージをクリックし❶［フォルダーを開いてファイルを表示］を選択してクリックします❷。

自動再生されない場合は、エクスプローラーの左のウィンドウで［PC］をクリックし、CD/DVDドライブのアイコンをダブルクリックします。

3 作例をデスクトップにコピーする

コピーしたいファイルまたはフォルダーをクリックし❶、パソコンのデスクトップ、またはパソコンのフォルダへドラッグ＆ドロップします❷。パソコンにファイルまたはフォルダがコピーされ、アイコンが表示されます。

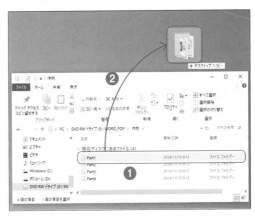

2 使用したい作例を選択する

CD-ROMの内容が表示されるので、使いたいファイルが入っているフォルダー（p.8参照）を順次ダブルクリックします❶。各作例紹介ページに掲載してあるファイル名をもとに、使いたいファイルを探しましょう。

 ワンポイントアドバイス

デジカメの付属のソフトなどをインストールしている場合は、CD-ROMを挿入すると自動的に素材の画像が読み込まれて画像ソフトが起動したり、スライドショー表示が始まることがあります。その場合は、ソフトを終了させましょう。スライドショーの場合は、画面上でマウスポインターを動かすと右上に［コントロール］が表示されるので［閉じる］ボタンをクリックします。

作例にひと手間加えてオリジナルの書類をつくろう！

作例の使い方

作例ファイルを開いて名前を付けて保存する

パソコンにコピーした作例ファイルを開いて書類をつくりましょう。
ファイルを開く方法はいくつかありますが、ここでは最も簡単な方法を解説します。

1 ファイルを開く

フォルダーごとデスクトップにコピーした場合は、目的の作例が入ったフォルダーを開きます。ファイルを開くときは、目的のワードファイルをダブルクリックします❶。

2 [名前を付けて保存] ダイアログボックスを表示する

アレンジした作例ファイルを保存するには、[ファイル]タブをクリックし、[名前を付けて保存]をクリックして❶、フォルダーを選択してクリックします❷。

> 同じフォルダに同じファイル名で編集後の作例を保存する場合は、[クイックアクセスツールバー]の[上書き保存]をクリックします。

3 保存先のフォルダーと ファイル名を指定する

保存先のフォルダーとファイル名を指定し❶、[保存]ボタンをクリックします❷。

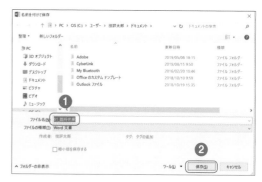

4 作例を閉じる

作例を保存したら、ウィンドウの右上にある[閉じる]ボタンをクリックして、作例を閉じます❶。

💡 ワンポイントアドバイス

ワード2019や2016と2013では、作例の見栄えが異なることがあります。そのため、レイアウトが変わってしまう作例は、ファイル名の後ろに「Word2013」と付けたワード2013用のファイルを用意しています。また、フォントがうまく表示できない場合は、「作例フォント違い」フォルダ内の作例を使ってみてください。

差し込み印刷を設定する

ワードの表を使って名簿をつくっておけば（p.114〜117参照）、差し込み印刷の機能が利用できます。
同じ文書を名前だけ変えて、たくさんの人に送るときなどに便利です。

① 名簿を作成する

p.114〜117を参照して、名簿を作成します。差し込み印刷をしたい作例ファイル（作例ではChapter2の「03_同窓会の往復はがき.docx」）を開きます。以下の画面が表示されたら、[いいえ]をクリックします①。

② [データファイルの選択] ダイアログボックスを表示する

[差し込み文書]タブをクリックし①、[差し込み印刷の開始]グループの[宛先の選択]をクリックし②、[既存のリストを使用]をクリックします③。[データファイルの選択]ダイアログボックスが表示されます。

③ 名簿ファイルを選択する

前もってつくって保存しておいた差し込み印刷用の名簿ファイル（作例ではChapter2の「02_同窓会名簿.docx」）をクリックし①、[開く]をクリックします②。

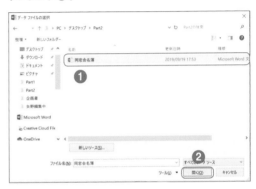

④ [結果のプレビュー]で正しく 設定されていることを確認する

[差し込み文書]タブをクリックし①、[結果のプレビュー]グループの[結果のプレビュー]をクリックします②。設定が正しく行われているかどうかを確認します。

> 空欄のままのテキストボックスがあるときは、名簿の項目名が差し込み印刷の既定名と異なっているので、修正が必要です。

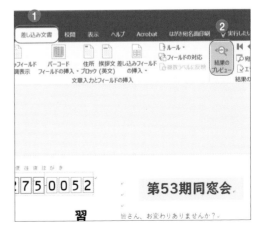

プリンターの印刷可能領域に従って書類をつくる

印刷可能領域はプリンターの機種ごとに決まっていて、この範囲からはみ出た文字や図印刷されません。その点に注意して書類をつくりましょう。

① ［ページ設定］ダイアログボックスを表示する

［レイアウト］タブをクリックし①、［ページ設定］グループの［余白］をクリックし②、［ユーザー設定の余白］をクリックします③。

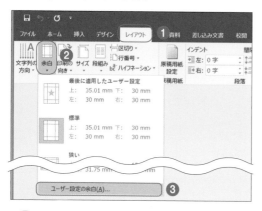

② 余白を「0」に設定する

ページ設定］ダイアログボックスが表示されます。［余白］タブをクリックし①、［余白］欄の［上］［下］［左］［右］すべてを「0」に設定し②、［OK］をクリックします③。［一部の余白が印刷可能なページ範囲の外に……］と表示されたら、［修正］をクリックします④。

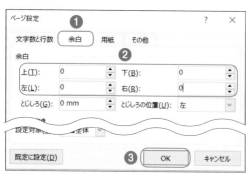

③ 印刷可能領域を確認する

［ページ設定］ダイアログボックスに戻ります。［余白］欄に表示された値を確認します①。用紙の端から測ったこの寸法の内側が使用しているプリンターでは印刷可能な範囲になります。［OK］をクリックします②。

> この数値は、お使いのプリンターによって異なります。

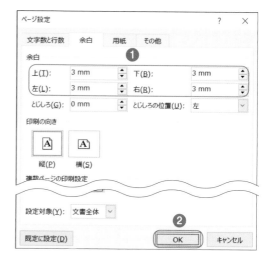

④ 印刷可能領域が用紙いっぱいに設定される

四隅のトンボの位置が変わり、印刷可能領域が用紙いっぱいに、設定されました。

プレビューで確認してからファイルを印刷する

せっかくの書類を印刷ミスで台無しにしないように、事前に印刷プレビューで確認し、
調整してから印刷するようにしましょう。

1 印刷プレビューで確認する

［ファイル］タブをクリックして、［印刷］をクリック
します❶。印刷プレビューが表示されるので、
はみ出しがないか確認します❷。はみ出しがあ
る場合はをクリックして編集画面に戻り、はみ
出た部分を内側に移動して修正します。

2 印刷する

はみ出しがなくなったことを確認して、［部数］を
指定して❶、［印刷］をクリックします❷。

背景を印刷する

ワードの初期設定では背景が印刷されません。
背景を設定する場合は、事前に印刷設定を変えておく必要があります。

1 ［Wordのオプション］ダイアログボックスを表示する

［ファイル］タブをクリックし、［オプション］をクリッ
クします❶。

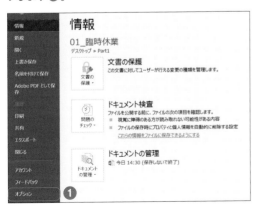

2 背景の色とイメージを印刷するように設定する

「Wordのオプション」ダイアログボックスが表示さ
れます。左のウィンドウで［表示］をクリックし❶、「印
刷オプション」欄の［背景の色とイメージを印刷す
る］にチェックを入れます❷。［OK］をクリックします❸。

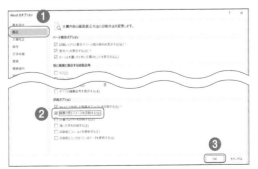

これだけわかればすぐにワードが使える！

ワードの基本

ワード画面の呼び名と本書でよく出てくる操作箇所

本書ではワードの画面の各部位を下のような呼び名で説明しています。操作でわからなくなったら、ここで確認しましょう。

クイックアクセスツールバー
既定の設定では、[上書き保存][元に戻す][やり直し]が表示されています。

タブ
よく使う操作ボタンが種類ごとに収められています。図形や表を選ぶと、それを編集するためのタブが新たに表示されます。

リボン
操作の種類によって[グループ]にわかれています。

[閉じる]ボタン
ワードファイルを閉じます。

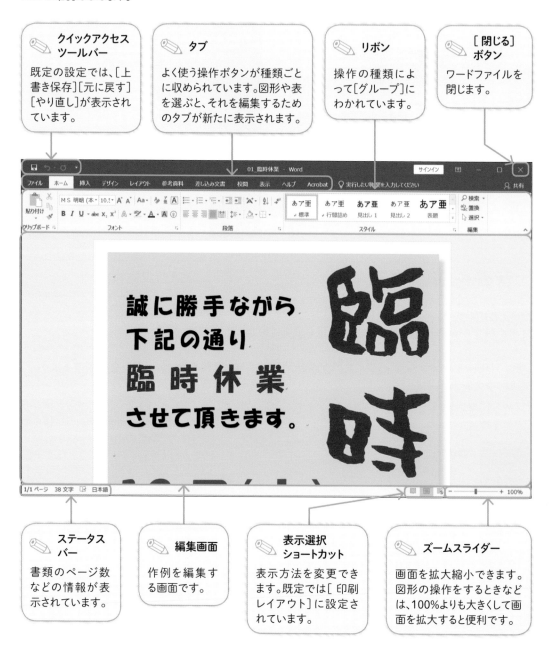

ステータスバー
書類のページ数などの情報が表示されています。

編集画面
作例を編集する画面です。

表示選択ショートカット
表示方法を変更できます。既定では[印刷レイアウト]に設定されています。

ズームスライダー
画面を拡大縮小できます。図形の操作をするときなどは、100%よりも大きくして画面を拡大すると便利です。

リボンを活用しよう

リボンには書類作成でよく使う操作ボタンが［グループ］として整理して収められています。使いたい操作によって、タブをクリックして、リボンを切り替えて探します。

タブ
図形や表を選択すると、それを編集するための関連タブが新たに表示されます。

ポップヒント
リボン内の操作ボタンにマウスポインタを合わせると、ボタンの名称と説明が表示されます。

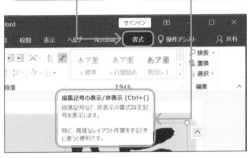

💡 ワンポイントアドバイス

本書ではディスプレイ解像度を1920×1030とし、ワードを全画面表示としたときの操作画面を示しています。お使いのパソコンの画面サイズが小さい場合や、ワイド画面を使用している場合には、リボンの各グループ内に表示される操作ボタンの位置や表示が本書の説明画面と異なることがあります。また、本書の操作解説では、ボタンにマウスポインタを合わせた際に表示される名称を記載しており、リボンに表示されている名称と異なることがあります。

詳細はダイアログボックスで設定できる

リボンの操作ボタンだけでは設定できない詳細な設定は、ダイアログボックスを表示して設定します。ダイアログボックスの周囲の色は、パソコンの設定により変わります。

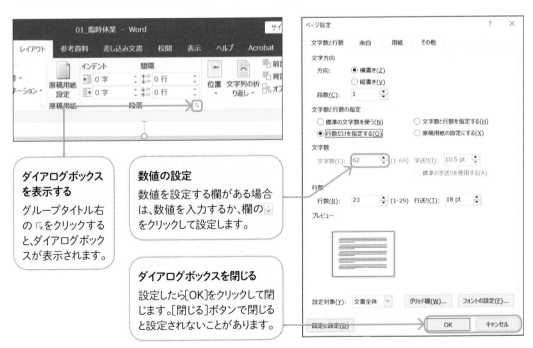

ダイアログボックスを表示する
グループタイトル右の □ をクリックすると、ダイアログボックスが表示されます。

数値の設定
数値を設定する欄がある場合は、数値を入力するか、欄の □ をクリックして設定します。

ダイアログボックスを閉じる
設定したら［OK］をクリックして閉じます。［閉じる］ボタンで閉じると設定されないことがあります。

ワード書類の作例とポイント

ここでは付属のCD-ROMに収録されているサンプルの
ワード書類と、サンプル書類をつくる際のポイントを紹介します。
自分の使いたい書類を探し、ポイントの解説にしたがって、
実際にデータを入力したり、加工したりしてみましょう。

臨時休業のお知らせ

01_臨時休業.docx

訴えたい文字を強調するには、通常フォントとは違った文字を使うと
視覚効果が大きくなります。

やってみよう 手書き風文字

CDに収録の手書き風文字を
貼り込みます。

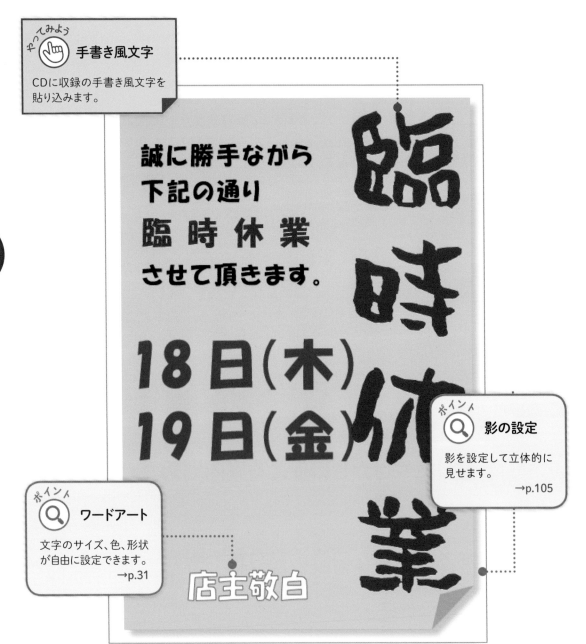

ポイント 影の設定

影を設定して立体的に
見せます。
→p.105

ポイント ワードアート

文字のサイズ、色、形状
が自由に設定できます。
→p.31

「臨時休業」文字を貼り込む

CDに収録の「臨時休業」文字を使って、視覚効果のある書類をつくります。
CDに収録の文字は、図として扱えるので色やサイズの変更が簡単です。

1 CDの文字をコピーする

CDから、文字が入っているワードの文書を開きます。貼り付ける文字をクリックして選択します❶。同時に複数選択する場合は、[Ctrl]キーを押しながら必要な文字をクリックします。[ホーム]タブをクリックし❷、「クリップボード」グループの[コピー]をクリックします❸。

2 文字を貼り付ける

作成中の文書に戻って[ホーム]タブをクリックし❶、「クリップボード」グループの[貼り付け]をクリックします❷。

3 文字を縦に配置する

画面右下の「表示倍率」を60%にしておきます。文字以外のところをクリックして選択を解除し、それぞれの文字をドラッグして大まかに縦に配置します❶。

4 文字を縦に整列させる

[Ctrl]キーを押しながらすべての文字をクリックして選択します❶。[書式]タブ（または［図形の書式］タブ）をクリックします❷。「配置」グループの[配置]をクリックし❸、一覧の[左右中央揃え]をクリックします❹。同様に、[配置]をクリックし❺、一覧の[上下に整列]をクリックします❻。

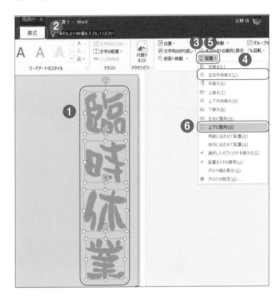

5 文字の色を変更する

「図形のスタイル」グループの[図形の塗りつぶし]をクリックし❶、色パレットで[赤]をクリックします❷。

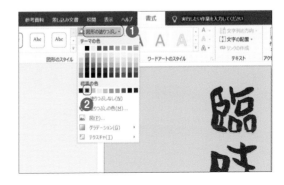

文字の背景に図形を重ねて文字を引き立てる

セールのお知らせ

02_セール.docx

文字の背景に図形を配置すると、文字のフォントやサイズを
変更するだけより、いっそう文字を引き立てることができます。

ポイント
**手書き風
文字**
CDに収録の手書き風
文字を貼り込みます。
→p.19

やってみよう
**図形を文字の
背景に配置**
図形の重ね順を変更して
文字の後ろに配置します。

ポイント
**オンライン
画像**
POPに合ったオンライ
ン画像を挿入します。
→p.91

ポイント
ページ罫線
POPに合ったページ罫
線で飾ります。
→p.90

Chap 1

商店・書店で使えるPOPや貼り紙

図形と文字を重ねる

書類に直接入力した文字の背景に図形を配置するには、重ね順を知っておくと便利です。

1 重ね順を確認する

図（オブジェクト）を選択
し、[書式]タブ（または
[図形の書式]タブ）をクリック
して❶、「配置」グ
ループの[オブジェクトの
選択と表示]をクリックし
ます❷。「選択」画面が
表示され、図や画像の
一覧が、重ね順に表示
されます。

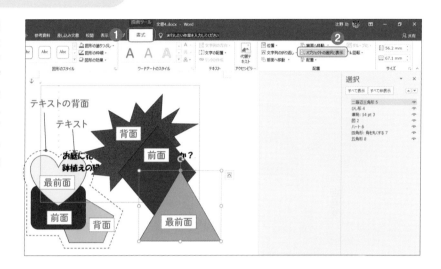

2 重ね順を変更する

「選択」画面の一覧から、重ね順を変更したい図
（ここでは[図（ひし形）]）をクリックし❶、「配置」グ
ループの[前面へ移動]をクリックします❷。なお、
図を選択して、▲（「前面へ移動」）、▼（「背面
へ移動」）をクリックして、配置を変更することもで
きます❸。

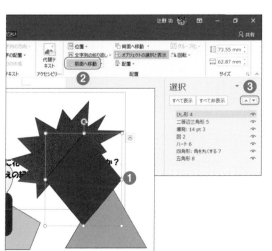

3 図をテキストの背面に移動する

文字の前面にある図形を選択します❶。[書式]タ
ブをクリックし❷、「配置」グループの[背面へ移
動]の右の▼をクリックします❸。表示される一覧
で、[テキストの背面へ移動]をクリックします❹。

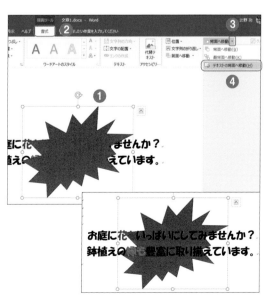

値段の数字は、価格表記の鉄則守って

プライスカード①・②

03_プライスカード①〜②.docx

価格の表記は、一目で認識させることが大事です。
文字間隔を狭めて表示するのが効果的です。

ポイント
🔍 **図形の配置**

図形をうまく配置すると、2色の図形を作成できます。
→p.107

やってみよう
👆 **価格表記**

セール価格などの数字は、価格表記の鉄則を守って作成します。

ポイント
🔍 **オンライン画像**

オンラインから内容に合った画像を検索して挿入します。
→p.91

価格表記の鉄則を知ろう

価格表記の鉄則は、まず、人目を惹く色を使うことです。次に、数字を重ね、間隔を狭めて表記し、一目で認識できるようにします。影の効果を利用すると、より一層数字が目立つようになります。

1 人目を惹く色を使う

赤は、人の気持ちを高揚させる色といわれています。p.102の「図形のスタイルを設定する」を参考に、文字の色を[赤]に変更します。なお、横書きの価格表記は、「円」を使うと1桁多く感じてしまうので、前に「¥」を付けます。

2 文字間隔を狭める

価格の数字が離れていると、1文字ずつ読まないとならないため、瞬時に価格が認識できません。文字をドラッグして重ね、一目で認識できるようにします。

3 影の効果で訴求力を高める

数字を重ねる時は、p.105の「図形に影を設定する」を参考に、影を設定することでより一層訴求効果が増します。なお、セール価格の表示は、「0」の高さを小さく書くのがセオリーです。

おいしそうな写真で購入意欲をさそう

予約受付中の案内

04_予約受付中.docx

商品をアピールするには、実物の写真を挿入して、おいしさを演出しましょう。

やってみよう

写真の挿入

写真を挿入して、見栄えの良い案内にします。

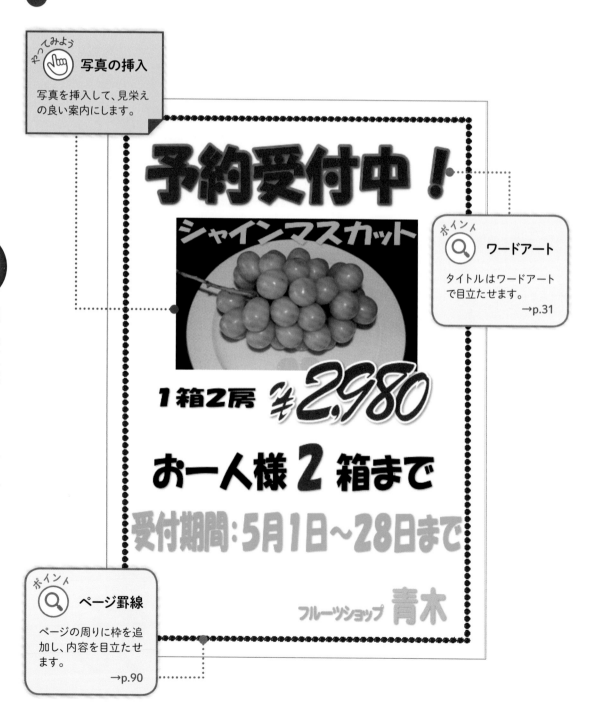

ポイント

ワードアート

タイトルはワードアートで目立たせます。
→p.31

ポイント

ページ罫線

ページの周りに枠を追加し、内容を目立たせます。
→p.90

やってみよう

案内書類に写真を挿入する

デジカメなどで撮影した写真を書類に挿入する手順は、書類を作成する上で必須の操作です。
挿入した写真を編集して目立たせましょう。

1 写真を挿入する

写真を挿入する位置にカーソルを合わせます❶。
[挿入]タブをクリックし❷、「図」グループの[画像]
をクリックします❸。

2 挿入する写真を選択する

「図の挿入」画面が表示されるので、挿入する[写真]をクリックし❶、[挿入]をクリックします❷。

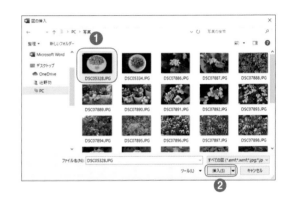

3 写真を調整する

写真が挿入されます。必要な部分だけ表示できるように編集します。p.67を参考に、挿入した写真をトリミングし❶、写真以外のところをクリックして❷、トリミングを終了します。なお、p.67手順⑤同様に、「画像の圧縮」操作をしておきましょう。

POPに関連した写真やイラストを透かして背景に入れた

人気ランキングの
ポスター

05_人気ランキング
.docx

内容に関連した写真やイラストを、大きく挿入したいときは、
透かして背景に入れると邪魔にならず、目立たせます。

ウォッシュアウト

内容に関連した写真やイラス
トを、透かしで背景に入れます。

今月の人気ベスト5

順　位	商　品　名	単　価
1位	横須賀カレーパン	¥280
2位	夕張メロンパン	¥210
3位	クロワッサン	¥150
4位	塩バターロール	¥120
5位	揚げドーナッツ	¥160

ベーカリー・マスダ

均等割り付け

セル内の文字幅を揃えて
見やすくします。

→p.90

表組

ランキングを表組で作
成します。

→p.96～97

写真やイラストを透かしで背景に入れる

POPに関連する写真やイラストを大きく入れたい場合は、
透かしで背景に入れることで、視覚効果のある書類ができあがります。

1 透かしを入れる

[デザイン]タブをクリックし❶、「ページの背景」グループの[透かし]をクリックします❷。

2 ユーザー設定を選択する

一覧が表示されます。[ユーザー設定の透かし]をクリックします❶。なお、「極秘」、「緊急」、「注意」欄の一覧から選択すると、「社外秘」や「サンプル」などの文字が透かしとして挿入されます。

3 図を指定する

「透かし」画面が表示されます。[図]のチェックボックスをクリックしてチェックを付け❶、[図の選択]をクリックします❷。なお、「にじみ」のチェックを外すと、ウォッシュアウトされずに挿入されます。

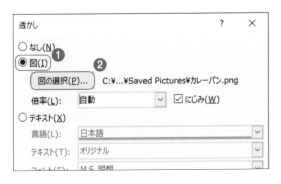

4 図をパソコン内のファイルから選択する

「画像の挿入」画面が表示されます。ここでは、パソコン内のファイルを使用するので、[ファイルから]をクリックします❶。

5 写真を選択する

「図の挿入」画面が表示されます。挿入する写真をクリックし❶、[挿入]をクリックします❷。

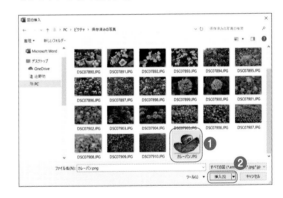

6 ウォッシュアウトを挿入する

選択した写真が透かし（ウォッシュアウト）として挿入されます。

マウスで書いた手書き文字で温かみを出した

書店POP

06_書店POP.docx

「描画」機能を使うと、マウスで文字を手書きすることができます。
キーボードからの入力文字とは違った味を出すことができます。

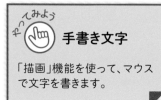

やってみよう

手書き文字

「描画」機能を使って、マウスで文字を書きます。

ポイント

アイコン

ワード2019の新機能の「アイコン」からアイコンを探します。
→p.33

ポイント

図形に画像を挿入

「図形の塗りつぶし」で画像を挿入して、メモ風を演出します。
→p.110～111

やってみよう

文字をマウスで描画する

「ペン」、「蛍光ペン」、「鉛筆書き」の3種類のペンを使って手書きができます。
目的に合わせて使い分けます。マウス操作が苦手でも、一度挑戦してみましょう。

※この機能はWord 2013では利用できません。Word 2016では、ペン入力やタッチ対応のパソコンで、[校閲]タブ→[インクの開始]から似た機能を利用することができます。

1 ペンの種類と色を選択する

[描画]タブをクリックし①、「ペン」グループで目的の[ペン]をクリックします②。[ペン]をクリックして表示される✓をクリックし③、「太さ」欄で[太さ]をクリックして選択し④、「色」欄で目的の[色]をクリックして選択します⑤。

※Word 2019で[描画]タブが表示されていない場合は、[ファイル]タブ→[オプション]→[リボンのユーザー設定]で、右のウィンドウの[描画]をクリックしてチェックを入れると、[描画]タブが表示されます。

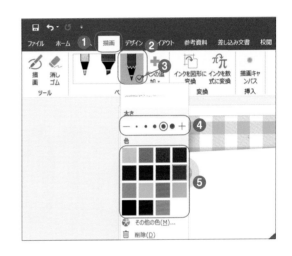

2 文字を書く

文字を書きたい位置にマウスポインタを移動し、ドラッグして文字を描画します①。なお、図形を描く場合は、「変換」グループの[インクを図形に変換]をクリックしておくと②、適当に描いた図形が自動的にきれいな図形に変換されます。

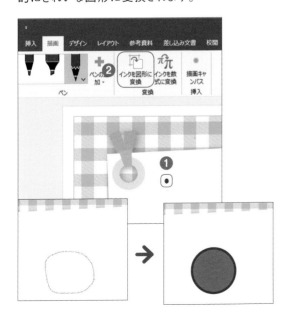

3 文字を消す

間違えた場合は、「ツール」グループの[消しゴム]をクリックします①。マウスポインタで、描画した文字の部分をクリックすると削除できます②。なお、「描画」機能を使った後は、必ず、[描画]または、[消しゴム]をクリックして「描画」機能を終了させておきます。

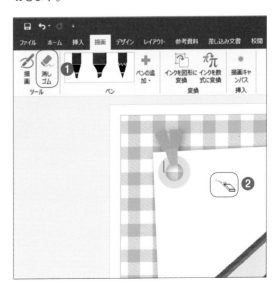

主張する文字を「ワードアート」で目立たせた

営業時間の案内

07_営業時間.docx

「ワードアート」は、文字を自由に配置したり、色々な効果や、形状の変更が自由にできるなど、POP作成には欠かせない便利な機能です。

RISTORANTE

営業時間変更のお知らせ
【5月より】

ランチタイム
11:00〜14:00
ディナータイム
17:00〜21:00

定休日
毎週：第3水曜日

ポイント
オンライン
画像
オンライン画像を、ウォッシュアウトして背面に配置します。
→p.91

やってみよう
ワードアート
ワードアートで文字を目立たせます。

ポイント
図形の
塗りつぶし
色だけでなく、画像やイラストで飾ります。
→p.110〜111

やってみよう

「ワードアート」で目立つ文字を作成する

「ワードアート」機能を使えば、「図形の効果」、「文字の効果」の操作で
デザイン文字を簡単に作成することができます。

1 ワードアートを挿入する

[挿入]タブをクリックし❶、
「テキスト」グループの[ワー
ドアート]をクリックします❷。
スタイル一覧から目的の[ス
タイル]をクリックします❸。
「ワードアート」の入力フィー
ルドが表示されますので、
目的の文字を入力します❹。

2 フォントや塗色を設定する

ワードアートのフォントは、p.88の「フォントを変更す
る」を参考に、設定します。塗色は、[図形の書式]
タブをクリックし❶、「ワードのスタイル」グループの
「文字の塗りつぶし」の[▼]をクリックし❷、色パレッ
トから目的の[色]をクリックして選択します❸。

3 効果を設定する

[書式]タブをクリックし❶、「ワードアートのスタイル」
グループの[文字の効果]をクリックします❷。メニュ
ーの「変形」にマウスを移動し❸、効果一覧から「形
状」欄の[四角]をクリックします❹。同様に、メニュ
ーの「影」にマウスを移動し、影の一覧の「外側」欄
の[オフセット:右下]をクリックします❺。

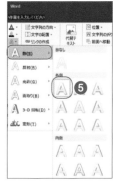

4 大きさや場所を変更する

文字の大きさを変更するには、マウスポインタをワー
ドアートの四隅に表示される「サイズハンドル」に移動
し、ポインタが↘になったらドラッグします❶。配置を
変更するには、マウスポインタを「枠線」に移動し、
ポインタが✛になったらドラッグして移動します❷。

「アイコン」を使って効果を演出した
ドア開閉注意の ポスター

08_ドア開閉注意
.docx

Word 2019の新機能「アイコン」を使って、POPに合ったアイコンを挿入し、イメージを表現します。

やってみよう
アイコン

書類に効果的なアイコンを挿入します。

ポイント
ワードアート

タイトルはワードアートで強調します。
→p.31

ポイント
図形の
塗りつぶし

オンライン画像を塗りつぶしとして挿入します。
→p.110〜111

やってみよう

POPに合ったアイコンを挿入する

Word 2019の新機能である「アイコン」には、ジャンル別にたくさんの「アイコン」が用意されています。
うまく利用すると、視覚効果のある書類ができあがります。

※この機能はWord 2019でのみ利用できます。作例はWord 2016/2013でも表示可能です。

1 アイコンを挿入する

[挿入]タブをクリックし❶、「図」グループの[アイコン]をクリックします❷。表示された「アイコンの挿入」画面で、目的の[アイコン]をクリックし❸、[挿入]をクリックします❹。なお、複数個挿入する場合は、必要なアイコンをすべて選択した後に[挿入]をクリックします。

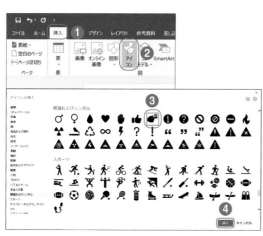

2 配置を変更する

挿入された「アイコン」は、標準では行内に配置されています。[レイアウトオプション]をクリックし❶、[前面]をクリックします❷。

3 色を変更する

「アイコン」を選択し❶、[グラフィック形式]タブをクリックします❷。「グラフィックのスタイル」グループの[グラフィックの塗りつぶし]をクリックし❸、色パレットから[目的の色]をクリックします❹。

4 大きさや場所を変更する

マウスポインタを四隅の「サイズハンドル」に移動し、ポインタが↖になったらドラッグして拡大します❶。マウスポインタを「枠線」に移動し、ポインタが✥になったらドラッグして配置します❷。

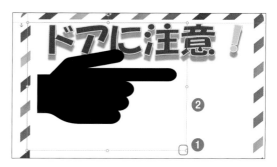

翻訳機能を利用して外国人にもアピールできる

防犯カメラ作動中の
ポスター

注意喚起のポスターは、翻訳機能を利用して
他言語の表記も忘れずに入れておきましょう。

09_防犯カメラ作動
中.docx

ポイント
🔍 ワードアート

自由に配置できるワードア
ートで文字を作成します。
→p.31

ポイント
🔍 図形の配置
（重ね順）

オンライン画像を図形の上に
配置し、目視効果を演出します。
→p.21

やってみよう
👆 翻訳機能

ワードの翻訳機能で他言語に
翻訳します。

Chap 1

商店・書店で使えるPOPや貼り紙

「翻訳」機能を利用する

ワードの翻訳機能を使えば、日本語を簡単に多言語に翻訳することができます。
警告のポスターは、翻訳機能を使って、他言語も併記しておきましょう。

1 翻訳範囲を選択する

翻訳する文字列をあらかじめワードアートで作成しておきます。ここでは、「英語」「韓国語」「簡体字中国語」に翻訳します。翻訳する文字列をドラッグして選択し❶、[校閲]タブをクリックします❷。「言語」グループの[翻訳]をクリックし❸、メニューの[選択範囲を翻訳]クリックします❹。

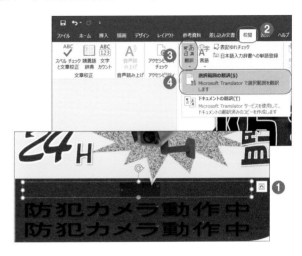

2 英語に翻訳する

「翻訳ツール」画面で、「翻訳元の言語」欄に選択した文字列が表示されていることを確認します❶。「翻訳先の言語」の[▼]をクリックし❷、言語一覧から[英語]をクリックします❸。

3 翻訳した文字を挿入する

翻訳結果が表示されるので、[挿入]をクリックします❶。同様の手順を繰り返し、言語一覧から[韓国語]、[簡体字中国語]を選択して翻訳します。

手書き文字でポイントを目立たせた
アルバイト募集の
貼り紙

もっとも訴えたい文字を手書きで印象を強め、
すぐに目に入るよう大きく配置します。

10_アルバイト募集
.docx

ポイント 手書き風
文字
CDに収録の手書き風
文字を貼り込みます。
→p.19

職　　種	雑 貨 の 販 売	
勤務時間	10:00〜22:00（交代制）	
時　　給	10:00〜15:00	800 円
	15:00〜22:00	1,000 円
連 絡 先	☎ 000-000-0000	
担 当 者	山本　雅彦	

ポイント 表組
条件などは項目を
表組にしてわかり
やすくします。
→p.96〜97

クイックパーツに登録した定型文で手早く仕上げる

移転のご案内

11_移転のご案内
.docx

あいさつ文などの定型文章は、「クイックパーツ」に登録しておけば、
すぐに呼び出せて使うことができます。

ポイント

🔍 **クイックパーツ**

よく使う文章を登録してい
つでも呼び出すことがで
きます。
→p.49

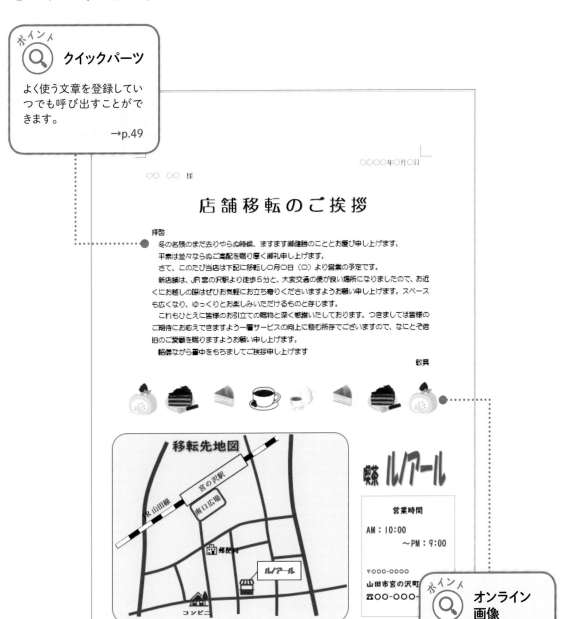

ポイント

🔍 **オンライン
画像**

POPに合ったオンライ
ン画像を挿入します。
→p.91

ウィザードで手軽につくってすぐ投函

引越しのお知らせ

01_引っ越しのお知らせ①〜③.docx

引越しなどの案内はがきは、遅くならないうちに出したいものです。
手間をかけずに簡単に、それでいて見栄えよくつくりましょう。

やってみよう

はがき文面印刷ウィザード

画面を切り替えながら、表示に従って操作するだけで、各種あいさつ状が作成できます。

ポイント

オンライン画像

自宅の写真などと入れ替えるとより見栄えよくできます。
→p.91

猫の手も借りました

さて私ども、このたび下記住所に転居いたしました。
何もないところですが、ぜひ一度お出かけください。
羽山線羽山駅下車、駅前よりお電話いただければ、
お迎えに伺います。

〒000-0000　稲荷山市羽山町1−1−11　（ ☎ 000−000−0000 ）

松下　正治・花子・太一

ポイント

あいさつ文

ウィザードに用意されている文面から選択します。必要に応じて編集します。
→p.39手順②

ポイント

フォントの変更

フォントの種類やサイズ・色を工夫してみましょう。
→p.88

やってみよう

はがき文面印刷ウィザードではがきをつくる

画面表示に従って順番に操作するだけで、各種あいさつ状が簡単に作成できます。
はがきができあがったら、イラストや文章、フォントなどを変更して、自分らしさを加えます。

1 「はがき文面印刷ウィザード」を起動する

[差し込み文書]タブをクリックし❶、「作成」グループの[はがき印刷]をクリックします❷。表示されるメニューで、[文面の作成]をクリックします❸。[はがき文面印刷ウィザード]が起動します。最初に「始めましょう」画面が表示されるので、[次へ]をクリックします。

3 差出人住所を入力する

最後に「差出人の住所」を入力し❶、[完了]をクリックします❷。

2 ウィザードを操作する

「はがきの文面を選びます」画面で、「はがきの文面を選択してください」欄の4種類の文面から[その他のあいさつ状]のチェックボックスをクリックし❶、[次へ]をクリックします❷。あとは、画面の表示に従って、「レイアウト」、「題字」、「イラスト」、「あいさつ文」を選択していきます。

ひとくちメモ

「はがき文面印刷ウィザード」が使えない!

Word 2019（Office 2019）には、デスクトップ版とUWP版という2種類のバージョンが存在しています。デスクトップ版のWordでは「はがき印刷ウィザード」が使えますが、UWP版のWordでは、現在「はがき印刷ウィザード」が利用できません。UWP版のWordは、インターネット接続環境と、Microsoftアカウント、パソコンの箱などに同梱されているOfficeのアカウント情報があれば、デスクトップ版に変更することができます。変更するには、UWP版のOffice 2019をアンインストールした後、「https://setup.office.com/」から、デスクトップ版のOffice 2019のインストールファイルをダウンロードして、デスクトップ版をインストールします。

Wordでつくるはがきやラベルの宛名に利用できる

同窓会の名簿

02_同窓会名簿.docx

複数の名簿を切り替えて差し込み印刷に利用する場合を考えて、
名簿のタイトル名を差し込みフィールド名に合わせて統一しておくと便利です。

**項目タイトル行
を自動挿入**

表のタイトル行を、2ページ目
にも自動で挿入します。

千葉第一中学校　第 53 期同窓会名簿

組	郵便番号	氏名	住所1	住所2	電話番号	メールアドレス
1	275-0025	遠山　充	習志野市秋津〇ー△ー□		047-4xx-xxxx	mitu-touyama@***.ne.jp
2	288-0051	橋本　幸太郎	銚子市飯沼町△ー□ー〇		0475-2x-xxxx	
3	275-0022	栗本　正治	習志野市香澄ロー×ー〇		047-4xx-xxxx	
1	289-0112	郡山　恵梨香	成田市青山□ー×ー△		0476-xx-xxxx	erika-kouri@*****.**.jp
2	261-0001	原田　紘一	千葉市美浜区幸町〇ー△ー□	高見マンション９０３	043-xxx-xxxx	
3	255-0011	五十嵐　博	津田山市飯山ロー×ー〇		999-04x-xxxx	
1	275-0025	工藤　信二	習志野市秋津△ー□ー〇		047-4xx-xxxx	
3	197-0024	高島　剛	福生市牛浜△ー□ー〇		042-5xx-xxxx	tsuyoshi-takasaki@*****.**.jp
1	289-1101	佐倉　千恵子	八街市朝日ロー×ー〇		043-2xx-xxxx	
2	275-0014	鮫崎　正彦	習志野市鷺沼△ー□ー〇		047-4xx-xxxx	
2	060-0062	芝崎　恵子	札幌市中央区南二条西１丁目ロー△		011-xxx-xxxx	keiko-shibata@*****.**.jp
3	275-0014	小山田　勝	習志野市鷺沼ロー△		047-4xx-xxxx	
2	273-0039	小早川　隆	船橋市印内ロー×ー〇	コーポ印内２０１	047-3xx-xxxx	
1	275-0026	小林　健吾	習志野市谷津〇ー△ー□		047-4xx-xxxx	kenngo-kobayasi@***.ne.jp
2	283-0831	小林　千恵美	東金市酒蔵ロー×ー〇		0475-5x-xxxx	
3	554-0011	松下　正彦	大阪市此花区朝日ロー×ー〇		06-xxxx-xxxx	megu-matu33@*****.**.jp
2	288-0051	上山　正彦	銚子市飯沼町ロー△		0475-2x-xxxx	
1	299-1142	新田　守				
2	274-0065	瀬川　満彦				
3	108-0072	星野　菜々香				

千葉第一中学校　第 53 期同窓会名簿

組	郵便番号	氏名	住所1	住所2	電話番号	メールアドレス
3	275-0025	川島　達彦	習志野市秋津ロー×ー〇		047-4xx-4xxx	
1	222-0033	川島　隆	横浜市港北区新横浜ロー△ー×	コーポ新横Ａ２０３	045-xxx-xxxx	taka222@*****.**.jp
2	141-0032	大森　薫	品川区大崎〇ー△ー□	桜台マンション６０２号室	03-54xx-xxxx	minako-o@*****.**.jp
3	289-1145	中島　良彦	八街市みどり台〇ー×ー□		043-2xx-4xxx	
1	803-0842	中島　雄介	北九州市小倉北区ロー×ー〇	メゾン原台２０１	093-65x-xxxx	
2	286-0834	津山　純一	成田市和田ロー△		0476-xx-xxxx	
2	275-0025	津川　典子	習志野市秋津ロー△ー〇		047-4xx-4xxx	
1	275-0026	帝塚山　克己	習志野市谷津△ー□ー〇		047-4xx-xxxx	
3	900-0001	渡辺　勉	那覇市港町〇ー×ー□		098-86x-xxxx	
2	288-0051	副島　みどり	銚子市飯沼町〇ー△ー□		0475-2x-4xxx	m-fukusima@*****.**.jp
1	286-0834	霧島　彰浩	八街市和田ロー△ー×	マンション八街１０１	043-4xx-xxxx	
2	275-0026	野々村　健	習志野市谷津〇ー△ー□		047-4xx-4xxx	
3	275-0014	立川　希美	習志野市鷺沼ロー△ー×		047-4xx-4xxx	
1	275-0025	鈴木　雅子	習志野市秋津〇ー△ー□		047-4xx-xxxx	

表組

名簿は「表の追加」で作
成します。

→p.96〜97

名簿のタイトル名を2ページ目以降にも
自動で挿入する

書差し込み印刷に利用する名簿は、連続データで作成する必要があります。
各ページの行頭にタイトル名を自動挿入しておくと、名簿を印刷する時に見やすくなります。

1 名簿を作成する

p.114〜117「名簿を作成する」を参考に、タイトル行を入れた、ひとつながりの名簿を作成します❶。タイトル行を選択し❷、[レイアウト]タブをクリックします❸。

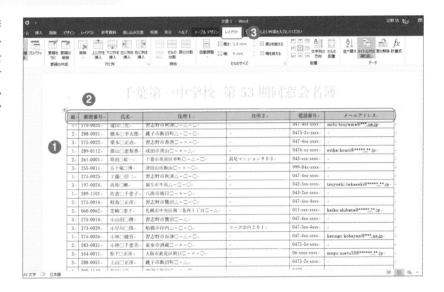

2 タイトル行を2ページ目以降に挿入する

「データ」グループの[タイトル行の繰り返し]をクリックすると❶、2ページ目にタイトル行が挿入されます❷。

「往信」と「返信」を分けて作成・印刷する

同窓会の往復はがき

03_同窓会の往復はがき.docx

「はがき印刷ウィザード」機能は往復はがきにも利用できます。
返信面の作成にひと工夫すると上手に印刷できます。

やってみよう

往復はがきの
印刷

プリンターの「両面印刷」機能
では印刷できないので、「往
信」と「返信」は別々に印刷し
ます。

郵 便 往 復 は が き

2750052

第53期同窓会

習志野市秋津〇-△-□

鈴木 雅子 行

返 信

皆さん、お変わりありませんか？
このたび、久しぶりに５３期の同窓会を下記の
通り、開くことになりました。あっという間の５
年間でしたが、お互いの近況などを心ゆくまで
話せればと思います。皆さんお誘い合わせの上、
ぜひご出席ください！

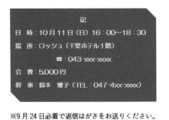

記

日 時：10月11日（日）16：00～18：30
場 所：ロッシュ（千葉ホテル1階）
　　　☎：043-xxx-xxxx
会 費：5,000円
幹 事：鈴木 雅子（TEL：047-4xx-xxxx）

※9月24日必着で返信はがきをお送りください。

ポイント

返信面の
作成

「はがき宛名面印刷ウィザ
ード」では往信面しか作成
できません。返信面は「ペ
ージ区切り」で作成します。
→p.120～122

ポイント

はがき宛名面
印刷ウィザード

既存の名簿から、往復は
がきに宛先を差し込み印
刷します。
→p.118～122

郵 便 往 復 は が き

2880051

いずれかに〇をつけてご返信ください

ご出席 ・ ご欠席

銚子市飯沼町△-□-〇

橋本 幸太郎 様

往 信

ご 芳 名

ご 住 所
〒

お電話番号
☎：
よろしければ近況などをお知らせください

42

返信面と往信面を別々に印刷する

往復はがきのように、返信面と往信面がある書類は、1つのワード書類として作成しておくと管理が
しやすく便利です。ただ、プリンターの両面印刷機能を使うと、片方の面が上下逆さまに
印刷されてしまうので、それぞれの面を別々に印刷します。

1 返信面（1ページ目）を印刷する

[ファイル]タブをクリックして、
一覧から[印刷]をクリックしま
す❶。「印刷」画面で、「設
定」欄の[すべてのページを印
刷]をクリックし❷、返信面が
表示されていることを確認して
「ドキュメント」欄の[現在のペ
ージを印刷]をクリックします❸。
「部数」欄で、[印刷枚数]を
設定し❹、[印刷]ボタンをクリ
ックします❺。

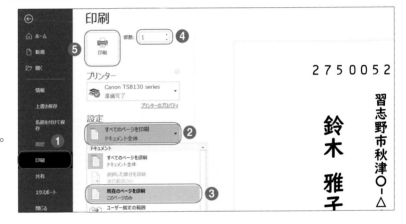

2 往信面（2ページ目）の印刷設定をする

[はがき宛名印刷]タブをクリックし❶、「印刷」欄
の、[すべて印刷]をクリックします❷。

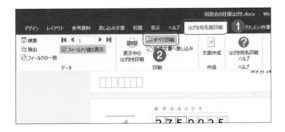

3 差し込み印刷の設定をする

「プリンターに差し込み」画面で、[すべて]のチェッ
クボックスをクリックし❶、[OK]をクリックします❷。

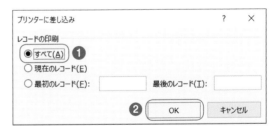

4 往信面（2ページ目）を印刷する

「印刷」画面で、「印刷指定」欄の▾をクリックし❶、
[偶数ページ]をクリックして❷、[OK]をクリックし
ます❸。

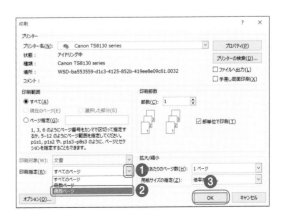

Wordと市販のラベル用紙でつくる

差出人用ラベル

04_差出人ラベル
.docx

市販のラベル用紙を使って差出人用のラベルを作成しておくと、
手紙やはがきなどを送付する際に便利です。

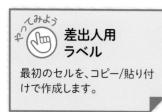

やってみよう

**差出人用
ラベル**

最初のセルを、コピー/貼り付
けで作成します。

〒275-0052 習志野市秋津○-△-□ 鈴木　雅子	〒275-0052 習志野市秋津○-△-□ 鈴木　雅子
〒275-0052 習志野市秋津○-△-□ 鈴木　雅子	〒275-0052 習志野市秋津○-△-□ 鈴木　雅子
〒275-0052 習志野市秋津○-△-□ 鈴木　雅子	〒275-0052 習志野市秋津○-△-□ 鈴木　雅子
〒275-0052 習志野市秋津○-△-□ 鈴木　雅子	〒275-0052 習志野市秋津○-△-□ 鈴木　雅子
〒275-0052 習志野市秋津○-△-□ 鈴木　雅子	〒275-0052 習志野市秋津○-△-□ 鈴木　雅子
〒275-0052 習志野市秋津○-△-□ 鈴木　雅子	〒275-0052 習志野市秋津○-△-□ 鈴木　雅子

やってみよう

ラベルオプションを利用する

最初のセルに差出人情報を入力し、フォントや文字サイズなどを設定した後に、そのセルを選択し、コピー/貼り付けで作成します。

1 ラベル用紙を設定する

[差し込み文書]タブをクリックし❶、「作成」グループの[ラベル]をクリックします❷。「封筒とラベル」画面で、[オプション]をクリックします❸。

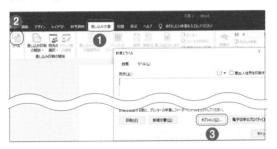

2 ラベル用紙の製造元を選択する

「ラベルオプション」画面で、「ラベル情報」欄の[ラベルの製造元]の✓をクリックし❶、一覧から、用意したラベルの製造元を選択します❷。「製造番号」欄の一覧から作成する[ラベルの品番]をクリックし❸、[OK]をクリックします❹。

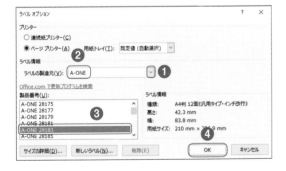

5 セルをコピーする

Ctrl キーを押しながら、1行目のセルと2行目のセルの上端で、マウスポインタが↓になったところでクリックして貼り付けるセルを選択します❶。[ホーム]タブをクリックし、「クリップボード」グループの[貼り付け]のアイコン部分をクリックします❷。

3 新規文書を作成する

「封筒とラベル」画面に戻り、[新規文書]をクリックします❶。フォントやフォントサイズを編集しない場合は、「宛先」欄に差出人情報を入力すると、ラベル全面に差出人情報が入力されます。この場合、差出人ラベルはこれで完成になります。

4 ラベルを作成する

最初のセルに、差出人情報を入力し、フォントやフォントサイズを変更します❶。差出人情報は、1行目に スペース キーで空白を入れ、 Enter キーで改行して2行目から入力します。作成したセルの左端で、マウスポインタが📌になったところでクリックしてセルを選択します❷。[ホーム]タブをクリックし、「クリップボード」グループの[コピー]をクリックします❸。

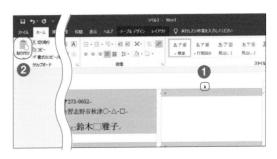

「配置ガイド」で折り目位置が一目でわかる

2つ折りの
バースデーカード

05_2つ折りのバース
デーカード.docx

2つ折りのメッセージカードなどを作成するときは、用紙の真ん中を
位置決めしておくと、イラストなどをバランスよく配置できます。

ポイント

🔍 **両面印刷**

プリンターの両面印刷
機能を利用する場合は、
1ページ目と2ページ目を
上下反転させて作成し
ます。

→p.43

やってみよう

☝ **用紙の中央に
配置**

直線を用紙の中央に配置し、
位置決めの目安に使います。

すぐに役立つ案内はがき

用紙を半分に分割してレイアウトする

画像や図形を配置する書類を作成する場合に、上下・左右の中央位置がわかると便利です。
「配置ガイド」を使って配置します。

1 用紙のレイアウトを設定する

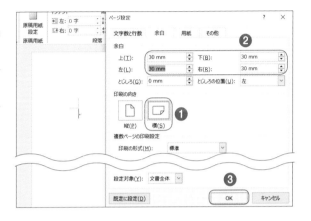

p.86〜87の「ページ設定をする」を参考に、[余白]タブをクリックし、「印刷の向き」欄の[横]をクリックします❶。「余白」欄の上下左右の数値を同じ（30mm）に設定し❷、[OK]をクリックします❸。

2 ガイド線を表示する

p.100の「直線を引く」を参考に直線を引きます❶。[レイアウト]タブをクリックし❷、「配置」グループの[配置]をクリックします❸。「メニュー」から[配置ガイドの使用]をクリックします❹。

3 直線の位置を変更する

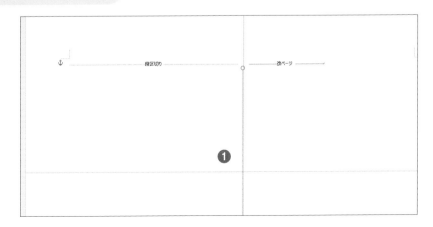

直線をドラッグすると、上下、左右の中央位置で緑の「ガイド線」が表示されます。
「ガイド線」が表示された位置でマウスを離します❶。

47

登録した文章を呼び出して簡単に作成できる

定例の案内状や
お知らせ

06_定例の案内状
.docx

定例の書類は、最初に作成したときに「クイックパーツ」に文章などを登録しておき、次回からは呼び出して再利用すると、簡単に作成できます。

やってみよう クイックパーツ

ワードで作成できるものは何でも登録することができます。

Chap 2

すぐに役立つ案内はがき

2020年9月10日

入居者 各位

自治会長 山下 浩一郎

秋の防災訓練のお知らせ

　仲秋の候、入居者の皆様にはますます御健勝のこととお慶び申し上げます。日ごろは自治会活動に対し、ご理解とご協力をいただきお礼申し上げます。
　さて、例年通り、非常時に備え下記のとおり防災訓練を行います。
　お忙しいこととは存じますが、万障繰り合わせの上ご参加くださいますよう、ご案内申し上げます。（各戸、1名の参加をお願いいたします。）

記

1．日　時：10月25日（日）10：00～12：00
2．場　所：マンション内全館
3．参加者：各戸、1名（全員参加もOKです）

＜ 訓練内容 ＞

訓　練	場　所	備　考
避難訓練	全館	非常ベルが鳴ったら1階ロビーに集合
消火訓練（消火器）	地下駐車場	消火器の使用説明
消火訓練（ホース）	1階	消火ホースの取り扱い
設備点検	全館	各階の消火設備の見回り点検

以上

ポイント 表組

スケジュールなどは表組を利用すると便利です。
→p.96～97

やってみよう

「クイックパーツ」に定例の文章を登録する

何度も利用しそうな文章は登録しておくと、再利用できます。
「クイックパーツ」に登録して、うまく利用しましょう。

1　登録したい文章を選択する

登録したい文章をドラッグして選択します❶。[挿入]タブをクリックし❷、「テキスト」グループの[クイックパーツ
の表示]をクリックします❸。「メニュー」から、[選択範囲をクイックパーツギャラリーに保存]をクリックします❹。

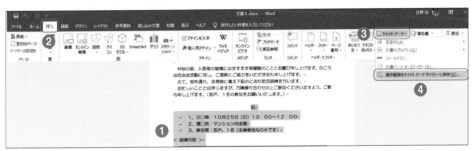

2　名前を付ける

「新しい文書パーツの作成」画面で、「名前」欄にわかりやす
い名前を入力し
❶、[OK]をクリック
クします❷。確
認画面が表示さ
れた場合は、[保
存]をクリックしま
す❸。

3　登録したパーツを呼び出す

挿入したい位置にカーソル移動します❶。[挿入]タブをクリックし❷、
「テキスト」グループの[クイックパーツの表示]をクリックします❸。
登録したパーツが表示されるので、目的のパーツをクリックすると❹、
パーツが挿入されます。

ひとくちメモ

5件以上登録している場合

「クイックパーツの表示」では
最近の4件だけが表示されま
す。それ以上登録してある場
合は、[文書パーツオーガナイ
ザー]をクリックし、「文書パー
ツオーガナイザー」の画面から、
目的のパーツをクリックし、[挿
入]をクリックします。

手書き風罫線を使った

お礼の気持ちを伝える
一筆箋

07_一筆箋.docx

一筆箋は、さりげなくお礼の気持ちを伝えられます。
市販の和紙に印刷すれば、さらに見た目も印象深くなります。

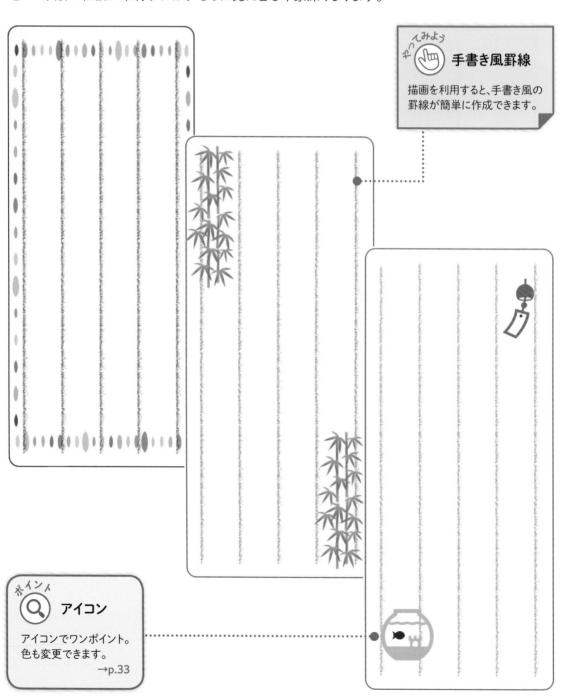

やってみよう

手書き風罫線

描画を利用すると、手書き風の
罫線が簡単に作成できます。

ポイント

アイコン

アイコンでワンポイント。
色も変更できます。
→p.33

Chap 2

すぐに役立つ案内はがき

「描画」機能で手書き風罫線を描く

通常の罫線は、図形の「直線」や「表」で作成しますが、味のある罫線は、
「描画」機能を利用して、簡単に作成することができます。

1 ペンを設定する

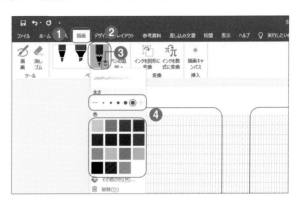

p.98の「グリッド線を設定する」で、グリッド線を表示させておくと、罫線を描く時の目安となります。[描画]タブをクリックし❶、「ペン」グループから[鉛筆書き]をクリックします❷。「鉛筆書き」の∨をクリックし❸、「パレット」から、[太さ]と[色]をそれぞれクリックして選択します❹。

2 罫線を描く

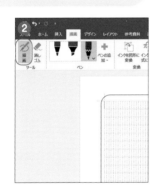

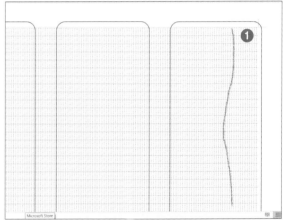

描画する位置で、マウスポインタをドラッグして罫線を描きます❶。「ツール」グループの[描画]をクリックし❷、「描画」モードを解除します。

3 線の曲がりを調整する

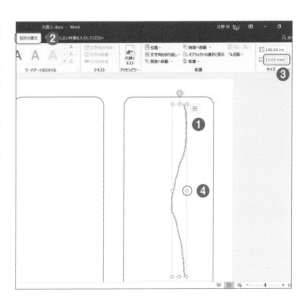

描いた罫線をクリックして選択します❶。[図形の書式]タブをクリックし❷、「サイズ」グループの[図形の幅]の数値を調整します❸。数値を「0」にするとほぼ直線になります。少し曲がりを表現する場合は、数値を変えながら調整します。なお、サイズハンドルをドラッグしても❹、幅を変更することができます。

基本図形を使ってつくる

ごみ集積場のお知らせ

01_ごみ集積所のお
知らせ.docx

Wordでの地図作成の基本をマスターしましょう。
基本的な図形を使って、見栄えのよい地図を簡単に作成することができます。

基本図形

基本図形を使うと、建物や敷
地の地図が作成できます。

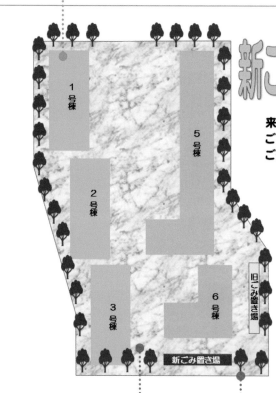

図形の
塗りつぶし

塗りつぶしには、「色」だけ
でなく、「図」や「テクスチ
ャ」などが設定できます。
→p.110〜111

アイコン

アイコンを挿入して、
「色」を変更し、「コピー/
貼り付け」で作成します。
→p.33

基本図形で建物や敷地を描く

基本図形の中から、目的の形に近いものを選択して、建物（四角形）や敷地（線）を作成します。

1 建物を作成する

p.99の「定型の図形を描く」を参考に、「四角形」グループの[正方形/長方形]をクリックし、挿入する位置でドラッグして[四角形]を作成します❶。

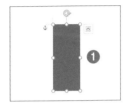

2 色を設定する

手順①と同様に、「基本図形」グループの[L字]で作成します。p.102の「図形のスタイルを設定する」を参考に、「図形のスタイル」グループで、[塗りつぶしの色]、[図形の枠線]で建物の色と枠線を設定し、必要数を複製して作成します❶。

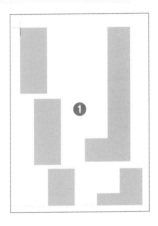

3 敷地を作成する

手順①と同様に、「線」グループの[フリーフォーム]をクリックし、作成した「建物」を囲むように敷地の形の「線」を引いていきます❶。

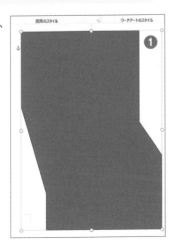

4 敷地にテクスチャ―を設定する

「図形のスタイル」グループの[図形の塗りつぶし]をクリックし❶、パレットから、[テクスチャ]にマウスポインタを移し❷、「テクスチャ一覧」から[大理石]をクリックします❸。

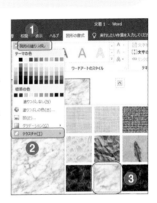

5 敷地を背面に配置する

「配置」グループの「背面へ移動」の[▼]をクリックし❶、一覧から[最背面に移動]をクリックします❷。

6 オブジェクトをグループ化する

「敷地」と「建物」を選択し❶、[図形の書式]タブをクリックします❷。「配置」グループの[グループ化]をクリックし❸、[グループ化]をクリックします❹

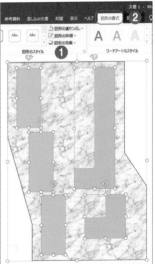

「図形」の「線」で道路を描く

通学路の案内ポスター

02_通学路案内.docx

［線］を組み合わせると、道路が簡単に描けます。
色や太さを設定することで、いろいろな道路を描くことができます。

ポイント
図形描画
「標識を作成する」を参考に、標識を作成します。
→p.125

ポイント
ワードアート
重要な文字（数字）は、ワードアートで目立たせます。
→p.31

ポイント
オンライン画像
POPにあった、オンライン画像を挿入します。
→p.91

やってみよう
道路の作成
「図形」に用意されている［線］を使って、簡単な地図を作成します。

Chap 3
貼り紙やはがきに使える案内地図

「線」を使って簡単な地図を作成する

地図をうまく作成するコツは、目的の場所を最初に配置することです。
そこから「道路」や「建物」などを作成します。

1 「目的地」を挿入し「線」を描く

p.91の「オンライン画像を挿入する」の挿入手順を参考に、目的地の学校のイラストを挿入します❶。
p.98の「グリッド線を設定する」の設定を参考に、グリッド線を表示します❷。p.99の「定型の図形を描く」を参考にして、「図形の作成」の「線」欄から[線]をクリックします❸。

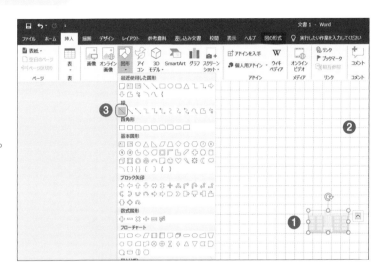

2 「線」の太さを変更する

描いた線を選択し、p.102の「線の太さを変更する」を参考に、線の太さを「4.5」に設定します❶。

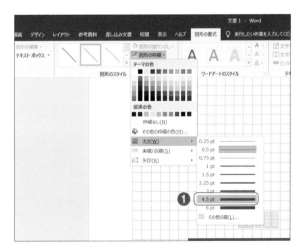

3 必要な分だけ[線]を作成し、配置する

p.106の「図形を簡単に複製する」を参考に、「線」を複製します。複製した「線」の「変形ハンドル」にマウスポインターを移動し、マウスポインターが↘になったところでドラッグすると、線の長さ、角度が自由に変更できます❶。複製した「線」を組み合わせて、道路を作成します。

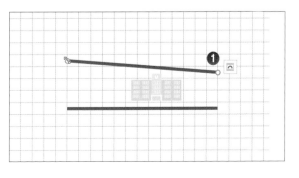

文字を斜めの道路に合わせて表示した

スタンプラリー用紙

03_スタンプラリー
.docx

地図に挿入する「名称」は、道路や建物に合わせて表示するのがコツ。
テキストボックスを回転させて作成します。

ワードアート

「ワードアートの効果」で
変形させて目立たせます。
→p.31

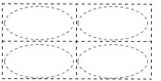

南口商店街では、協賛店で食事をされた方にスタンプを押させ
ていただきます。期間中に、4個以上のスタンプを集めた方に、
協賛店のお食事券（3,000円分）をプレゼントいたします。

＜ お食事券配布場所 ＞
南口商店街事務所に
　　お持ちください。

☎ 03-1234-5678

文京区東橘水１−２−３

**図形のコピーで
番号を自動振り**

数字を入れた図形をコピー
/貼り付けすると、番号が自
動で加算されます。
→p.108

**テキストボックス
の回転**

道路に沿った文字は、テキス
トボックスを回転させて作成
します。

文字を自由に回転させて配置する

テキストボックスは自由に回転・配置できます。斜めの道路に沿った表示が可能です。
建物や道路などの「名称」表示が見やすくなります。

1 テキストボックスを挿入する

p.89の「テキストボックスを挿入する」を参考に、
[縦書きテキストボックス]を作成し、文字を入力し
ます❶。

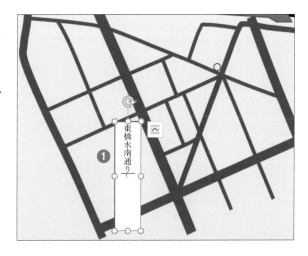

2 テキストボックスの書式を設定する

p.102の「図形のスタイルを設定する」を参考に、
[塗りつぶしなし]、[線なし]を設定します❶。

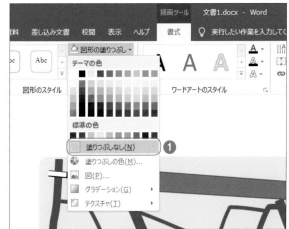

3 道路に合わせて回転する

「回転ハンドル」にマウスポインタを合わせ、マウ
スポインタが になったところでドラッグして回転し、
傾きを道路に合わせます❶。テキストボックスを、
ドラッグして道路の上に移動します。細かく移動す
るときは、キーボードの「矢印キー」を利用します。
道路の色に合わせ、文字の色も変更するとより見
やすくなります。

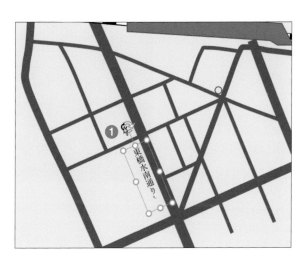

JRの線路をあしらった

グループ展開催の
お知らせ

04_グループ展.docx

案内の地図に、場所の目安に駅を描くことが多くあります。
駅だけでなく、線路も入れてわかりやすい地図にしましょう。

日　時：　5月27日(木)
　　　　　10:00〜20:00
場　所：　市民会館小ホール
連絡先：　丸山 茂樹
☎ 00-000-0000

ポイント

 アイコン

アイコンは種類ごとに分類されているので、目的のアイコンが探しやすくなっています。
→p.33

ポイント

 テキスト
ボックス

テキストボックスを挿入し、ボックス内の文字を均等割り付けで揃えます。
→p.89〜90

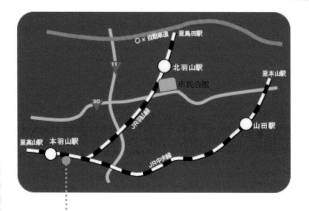

やってみよう

 線路

JRの線路は、「線」を重ねて作成します。

Chap 3

貼り紙やはがきに使える案内地図

「線」を重ねてJRの線路を作成する

JRや私鉄の線路は、地図を作成するときには欠かせないものです。「図形」の「線」を使って作成します。

1 線を作成する

[挿入]タブをクリックし❶、「図」グループの[図形]をクリックします❷。一覧の「線」欄から[曲線]をクリックします❸。図形を配置したい場所で、クリックしながら「曲線」を描きます❹。ダブルクリックすると、曲線の描画が終了します。

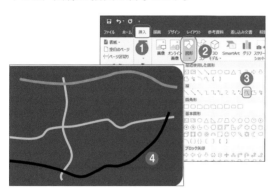

2 線の書式を設定して複製する

p.102の「図形のスタイルを設定する」を参考に、「図形の枠線」で「太さ」を[6pt]に、「線の色」を[黒]にします❶。p.106の「図形を簡単に複製する」を参考に、線を複製し❷、「図形の枠線」で「線の色」を[白]に、[線の太さ]を[4.5p]に、「実線／点線」を[破線]にします❸。

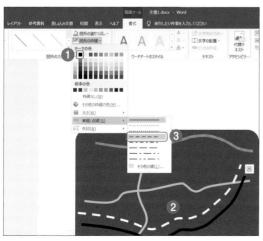

3 線を重ねる

作成した両方の線を[Ctrl]キーを押しながら選択します。[書式]タブをクリックし❶、「配置」グループの[配置]をクリックします❷。一覧から[左右中央揃え]、[上下中央揃え]をクリックし、図形を重ねます❸。

4 線をグループ化する

「配置」グループの[グループ化]をクリックし❶、[グループ化]をクリックします❷。JRの「線路」ができあがります。

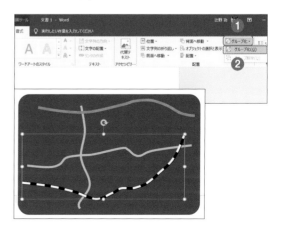

基本図形で作成した川や橋をあしらった
市民マラソンコースの見取り図

05_市民マラソン大
会.docx

地図記号を参考に、Wordで川や橋が入った案内図を作成します。
フリーフォームを使って、少し工夫して描きます。

ポイント
🔍 均等割り付け
文字の幅を、文字数の多
い文字幅に合わせます。
→p.90

ポイント
🔍 表組
案内は、表組で作成す
ると見やすくなります。
→p.96～97

第3回市民マラソン大会
参加者募集！

●日　　　時	○月○日（○）9:00 スタート
場　　　所	葉山駅前・スタート⇒ゴール
参加資格	葉山市市民□18歳以上
申　込　み	市民会館（☎○○○-○○○-○○○○）
参加費	無□料

当日は、8:00～13:00 の間、道路は通行止めになります。

やってみよう
👆 川や橋
基本図形を使って、地図記号
を参考に描きます。

	地図記号
川	
橋	

Chap 3

貼り紙やはがきに使える案内地図

川や橋を描く

地図記号を参考に、フリーフォームを使って川や橋を描きます。川の作成にはひと工夫必要です。

1 下書きの川を描く

p.99の「定型の図形を描く」を参考に、[曲線]を使って、クリックしながら下書きの「川」を描きます❶。ダブルクリックすると、曲線の描画が終了します。

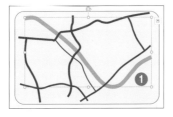

2 川を描く

下書きをなぞりやすくするために、「表示倍率」を[150%]にします❶。[フリーフォーム]を使い、下書きの川の輪郭をマウスでクリックしながらなぞります❷。曲線のところは細かくクリックします。最初の位置をクリックすると描画が終了します。p.102の「図形のスタイルを設定する」を参考に、川の水色を設定します。

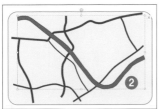

3 下書きの川を削除する

作成した「川」をドラッグしてずらし、下書きの川を選択し❶、 Delete キーを押して、削除します。「川」を元に戻します。

4 橋を描く

[フリーフォーム]を使い、マウスでクリックしながら橋の片方の形を描きます❶。ダブルクリックすると、フリーフォームの描画が終了します。

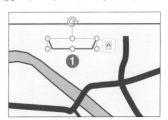

5 「色」「太さ」を調整する

p.102の「図形のスタイルを設定する」を参考に、[色]と[太さ]を設定します。配置する位置に移動して、「回転ハンドル」で回転させて配置し、「サイズハンドル」で大きさを調整します❶。

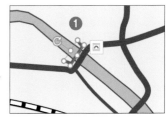

6 橋のもう片方を作成する

p.106の「図形を簡単に複製する」を参考に、橋のもう片方を作成します。「配置」グループの[オブジェクトの回転]をクリックし❶、一覧から[左右反転]をクリックします❷。回転ハンドルをドラッグして回転させて、配置します。

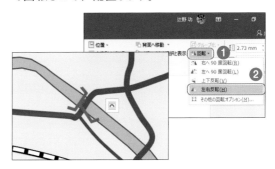

手書き風の道で印象を変えた

パーティーの案内状

06_パーティーの案内状.docx

手書き風の「道」を作成するには、「描画」機能を利用することもできますが、Windowsの「ペイント」で作成し、ワードに貼り付けて利用すると、ひと味違った地図ができます。

やってみよう 「ペイント」の利用

「ペイント」で手書き風の道を作成します。

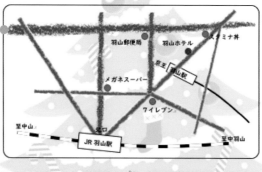

ペイントで手書き風の道を描く

手書き風の線を描くには、Windowsに標準で搭載されている「ペイント」を
利用して作成する方法があります。「ペイント」の道具を使って作成します。

1 線を作成する

「ペイント」を開き、[ホーム]タブをクリックし❶、「色」
グループの色パレットから[インディゴ]をクリックしま
す❷。「ブラシ」をクリックし、一覧から[クレヨン]をク
リックします❸。「線の幅」で[40px]を選択すると、
かすれ感がより出ます。[クレヨン]で線を引きます❹。
色パレットで[白]をクリックし、作成した線の輪郭に
沿ってドラッグして、太さやかすれ感を調整します❺。

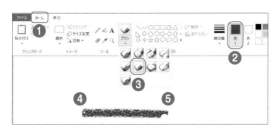

2 線を複製する

「イメージ」グループの「選択」をクリックし❶、一覧か
ら[透明の選択]をクリックしま
す❷。同様に、一覧から[四
角形選択]をクリックし❸、作
成した線をドラッグして囲いま
す❹。「クリップボード」グルー
プの[コピー]をクリックし
❺、[貼り付け]をクリック
して線を複製します❻。

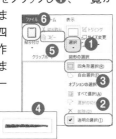

3 線を編集してコピーする

複製した線をドラッグして元の線の下に移動し、「サ
イズハンドル」で幅を狭めます❶。手順❷と同様の
操作で複製し、調節して必要な
線を作成します。「イメージ」グルー
プの[選択]をクリックし❷、貼り付
ける線をドラッグして囲います❸。
「クリップボード」グループの[コピ
ー]をクリックします❹。

4 線をワードに挿入する

ワードの書類を開き、「ホーム」タブをクリックし❶、
「クリップボード」グループの[貼り付け]をクリックし
ます❷。挿入した線の[レイアウトオプション]をク
リックし❸、一覧から[前面]をクリックします❹。

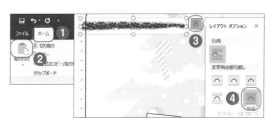

5 貼り付けた図の背景を透明にする

貼り付けた線を選択して、[書式]タブをクリックし
❶、「調整」グループの[色]をクリックして❷、[透
明色を指定]をクリックします❸。マウスで背景(白
い部分)をクリックすると、背景が透明になります❹。

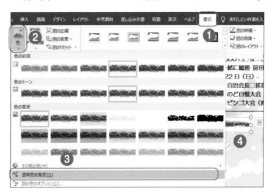

6 挿入した図を調整して配置する

貼り付けた線を、回
転やサイズ変更しな
がら配置して地図を
描きます❶。

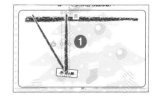

番号（記号）をつけた箇条書きでわかりやすい

自治会の 草むしりの貼り紙

01_自治会の草むしり
.docx

段落の行頭に番号や記号を付けるには、「箇条書き」や「段落番号」の機能を利用します。番号の書式や記号の種類も選択できます。また、箇条書きは均等割り付けできれいに見せましょう。

やってみよう

段落番号

案内状で「記」の内容は。段落番号を使用して自動採番します。

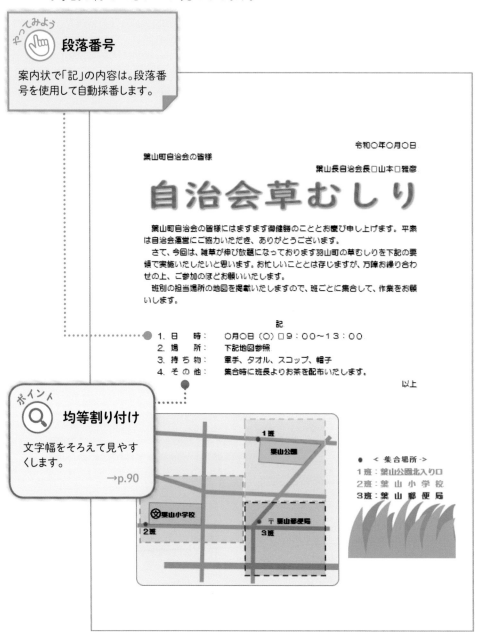

令和〇年〇月〇日

葉山町自治会の皆様

葉山長自治会長□山本□雅彦

自治会草むしり

葉山町自治会の皆様にはますます御健勝のこととお慶び申し上げます。平素は自治会運営にご協力いただき、ありがとうございます。

さて、今回は、雑草が伸び放題になっております羽山町の草むしりを下記の要領で実施いたしたいと思います。お忙しいこととは存じますが、万障お繰り合わせの上、ご参加のほどお願いいたします。

班別の担当場所の地図を提載いたしますので、班ごとに集合して、作業をお願いします。

記

1. 日　　時：　〇月〇日（〇）□9：00～13：00
2. 場　　所：　下記地図参照
3. 持 ち 物：　軍手、タオル、スコップ、帽子
4. そ の 他：　集合時に班長よりお茶を配布いたします。

以上

＜ 集 合 場 所 ＞
1班：葉山公園北入り口
2班：葉 山 小 学 校
3班：葉 山 郵 便 局

1班
葉山公園

葉山小学校
2班

〒葉山郵便局
3班

ポイント

均等割り付け

文字幅をそろえて見やすくします。

→p.90

やってみよう

箇条書きの行頭に「段落番号」で
自動で番号を付ける

箇条書きに自動採番する時は「段落番号」、記号を付ける時は「箇条書き」を利用します。
また、「均等割り付け」を使うときれいに揃えることができます。

1 最初に行頭を設定する

設定する段落にカーソルを移します。[ホーム]タブを
クリックし❶、「段落」グループの「段落番号」の[▼]
をクリックします❷。「番号ライブラリ」から目的の[番
号書式]をクリックします❸。記号を付ける場合は
「段落」グループの[箇条書き]の[▼]をクリックし、
「行頭文字ライブラリ」から目的の「記号」をクリックし
ます。好みの記号がない場合は[新しい行頭文字
の定義]を選び、「新しい行頭文字の定義」画面で
[記号]をクリックし、一覧から選びます。

2 箇条書きを作成する

入力された番号に続き文字を入力し、改行すると
次の番号が自動採番されます❶。

```
                         記
  1.→日時：  →  ○月○日（○）□9：00～13：00
❶ 2.→
```

3 後から行頭を設定する

箇条書きを設定する段落をドラッグして選択します❶。

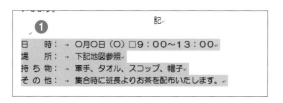

4 段落番号を設定する

[ホーム]タブをクリックし❶、「段落」グループの
「段落番号」の[▼]をクリックします❷。「番号ライ
ブラリ」から目的の[番号書式]をクリックします❸。

5 均等割り付けを設定する
文字列を選択する

均等割り付けする文字列を
[Ctrl]キーを押しながら選択しま
す❶。なお、ここでは文字列
だけを選択していますが、改行
マークを含む場合は、段落に
均等割り付けになります。

6 均等割り付けを設定する

[ホーム]タブをクリックし❶、「段落」グループの[均等
割り付け]をクリックします❷。「文字の均等割り付け」
画面の「新しい文字列の幅」欄の数字を、[⬍]で目的
の文字数に設定し❸、[OK]をクリックします❹。

シンプルなデザインで写真をトリミングして挿入した

犬を探して！の
お尋ねポスター

02_犬を探しています
.docx

写真に注目させるには、写真の背景をトリミングして、被写体をアップにします。

やってみよう

**写真の
トリミング**

挿入した犬の写真をトリミ
ングしてアップにします。

犬を探しています

名前：アントニー
犬種：Mix 3歳 オス

3月20日の朝
羽山町の自宅からいなくなりました。
写真のような水玉の服を着ております。
どんな些細な情報でもお願いいたします。

やまだ ×××-×××-××××

ポイント

図形の背景

内容物に合わせた図形
を背景に使います。
→p.21

写真をトリミングする

お尋ねポスターは、被写体を目立たせるのがポイントです。背景をトリミングしてアップ写真にしましょう。

1 写真を挿入する

写真の大きさの目安にするので、背景にする図形を、p.99の「定型の図形を描く」を参考に「スクロール:横」を挿入しておきます❶。同様に、[挿入]タブをクリックし❷、「図」グループの[画像]をクリックします❸。「図の挿入」画面で、写真が保存されているフォルダを選択して、目的の[写真]をクリックし❹、[挿入]をクリックします❺。

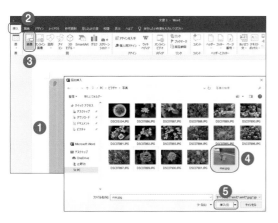

2 画像の配置を変更する

写真などは標準で行内に配置されるので、図形の後ろに配置されます。[レイアウトオプション]をクリックし❶、[前面]をクリックして❷、前面に配置します。

5 写真の容量を圧縮する

「図の圧縮」を使うと、写真の容量を減らすことができます。写真を選択し❶、[書式]タブをクリックし❷、「調整」グループの[図の圧縮]をクリックします❸。「画像の圧縮」画面で、「圧縮オプション」欄の「この画像だけに適用する」と「図のトリミング部分を削除する」にチェックを入れます❹。[OK]をクリックします❺。

3 写真をトリミングする

「書式」タブをクリックし❶、「サイズ」欄の[トリミング]をクリックします❷。
サイズ変更ハンドル○が、トリミングハンドル┣に変わるので、写真の各辺を内側にドラッグして被写体を囲います❸。写真の範囲以外をクリックすると❹、「トリミング」部分が非表示になります。

4 写真を拡大して配置する

トリミングした写真を移動し、拡大して配置します❶。

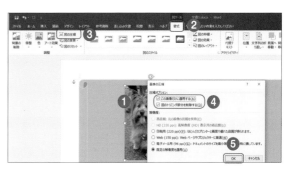

文字を重ねてタイトルを目立たせた

無断駐車お断りの貼り紙

03_無断駐車お断り
.docx

ポスターの訴求力を高めるには、「影」の設定や、「重ね文字」などを使うのが
効果的です。目立たせ方を工夫してみましょう。

やってみよう

重ね文字

文字の枠線を強調するには、
文字を重ねます。

ポイント

図形の重ね

「標識を作成する」を参考に、
図形を重ねて作成します。
→p.125

やってみよう

タイトル文字をつくる

文字を重ねてふちどりを太くするには、フォントサイズを変更して重ねてもうまくできません。
枠線の太さや色を変更して重ねます。

1 文字を作成して複製する

p.31を参考に、ワードアートで文字を作成します❶。作成した文字を、Ctrlキーを押しながらドラッグし、複製します❷。

2 枠線の色と太さを変更する

元の文字を選択し、p.102の「図形のスタイルを設定する」を参考に、枠線の「色」と「太さ」を変更します。ここでは、「枠線の色」を[オレンジ]に❶、「枠線の太さ」を[15pt]❷に設定しました。

3 文字を中央に重ねる

Ctrlキーを押しながら、両方の文字を選択します。「書式」タブをクリックし❶、「配置」グループの[配置]をクリックします❷。一覧から[左右中央揃え]クリックし、同様に[上下中央揃え]クリックします❸。

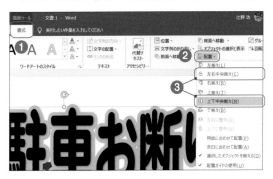

4 文字をグループ化する

「配置」グループの[グループ化]をクリックし❶、[グループ化]をクリックします❷。

分割印刷で大きく印刷する

日帰りバスツアーの
ポスター

04_日帰りバスツアー
①〜②.docx

標準でA4サイズまで印刷できるプリンターでも、「分割印刷機能」が備わって
いれば、2分割（倍）〜16分割（倍）までの大きさに拡大できます。

国宝：「龍泉寺」参詣と宝物殿拝観

令和元年
10／24
（土）

料金
8,000 円

大人（18 歳以上）	8,000 円
子供	5,000 円
昼食代、拝観料含む	

行程
羽山駅南口集合

集合	8：30	羽山
昼食	11：30	加山イ
参詣	14：00	龍
出発	16：00	
到着	18：00	羽山

申込
自治会総務部

申込締切	9 月 22 日（火）
電	×××-×××-××××
担当	岡本 和幸

羽山自治会

やってみよう

ポスター印刷

プリンターの印刷設定を利用
して、拡大印刷します。

日帰りバスツアー

国宝：「龍泉寺」
参詣と
宝物殿拝観

令和元年
10／24
（土）

料金
8,000 円

大人（18 歳以上）	8,000 円
子供	5,000 円

行程
羽山駅南口集合

集合	8：30	羽山駅南口
昼食	11：30	加山インター
参詣	14：00	龍泉寺
出発	16：00	
到着	18：00	羽山駅南口

申込
自治会総務部

申込締切	9 月 22 日（火）
電	×××-×××-××××
担当	岡本 和幸

‐‐‐‐‐‐‐‐‐‐‐ 切取線 ✂ ‐‐‐‐‐‐‐‐‐‐‐
参 加 申 込 書

氏　名	性 別	年 齢
	男・女	
	男・女	
	男・女	
	男・女	
	男・女	

※参加費を添えて自治会総務　岡本まで締め切り日までにお持ちください。

ポイント

テキストボックス

テキストボックスを「図形の
変更」で見やすく変更します。
→p.89

書類を拡大（分割）印刷する

プリンターの機能に、「分割印刷」や「ポスター」があれば、拡大印刷ができます。
掲示用には拡大印刷して目立たせましょう！

1 プリンターのプロパティを表示する

［ファイル］タブをクリックし、一覧から［印刷］をクリックします❶。「印刷」画面で、「プリンター」欄の［プリンターのプロパティー］をクリックします❷。

2 分割印刷の設定をする

「プリンターのプロパティー」画面で「ページ設定」タブをクリックします❶。「ページレイアウト」の一覧から［分割／ポスター］をクリックし❷、［詳細設定］をクリックします❸。

3 分割数を設定して印刷する

「分割／ポスター」画面で、「画像の分割数」の☑をクリックして❶、一覧から［分割数］をクリックし❷、［OK］をクリックします❸。「プリンターのプロパティー」画面に戻るので［OK］をクリックします❹。「印刷」画面に戻るので、［印刷］をクリックします。

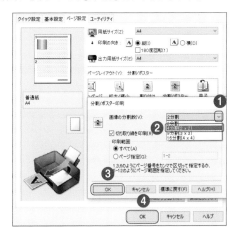

ひとくちメモ

「プリンターのプロパティー」画面はメーカーや機種によって異なる

本文では、キヤノンのPIXUS TS8130シリーズを利用して印刷を行っています。「プリンターのプロパティー」画面の表示や、拡大（分割）印刷の呼び方は、メーカーや機種によって異なるので、お手持ちのプリンターの取扱説明書を参照してください。

ワードの自動計算機能を使った

「クリスマス会」の会計報告

05_クリスマス会会計
報告.docx

ワードにも表の自動計算機能があります。会計報告などの合計を
自動計算で行えば、計算間違いを防ぐことができます。

表の計算機能

ワードの表も、エクセルのように計算機能があります。

自治会クリスマス会会計報告

総務：前田　太郎

自治会主催のクリスマス会に、多数ご参加いただきありがとうございました。
　皆様のおかげで、楽しいクリスマス会になりました。今後とも自治会行事にご協力のほど
よろしくお願いします。

＜ 収 支 報 告 ＞

収入			支出	
会費（男）	4,500×12	54,000	会場費	32,400
会費（女）	3,000×15	45,000	飲み物代	43,200
会費（子供）	800×20	16,000	カラオケ使用料	8,640
自治会補助		50,000	のど自慢商品代	21,600
前回繰越金		30,000	ビンゴ大会商品代	32,400
			クラッカー代	2,160
			貸衣装	5,400
			写真代	8,640
			装飾品他	15,120
			次回繰越金	25,440
合計		195,000	合計	195,000

羽山町自治会　総務部

写真の挿入

「図の効果」を利用して、レイアウトに一工夫します。
→p.25

Chap 4

あると便利な日常の貼り紙や書類

自動計算機能を利用する

ワードの表にも、合計（SUM）、平均（AVERAGE）、カウント（COUNT）など、簡単な関数や計算式が使えます。ただし、自動計算機能を利用するには、表内の数字は半角で入力する必要があります。

1 計算機能を呼び出す

合計を計算するセルを選択します❶。［レイアウト］タブをクリックし❷、「データ」グループの［計算式］をクリックします❸。

	収入		支出	
会費（男）	4.500×12	54.000	会場費	32.400
会費（女）	3.000×15	45.000	飲み物代	43.200
会費（子供）	800×20	16.000	カラオケ使用料	8.640
自治会補助		50.000	のど自慢商品代	21.600
前回繰越金		30.000	ビンゴ大会商品代	32.400
			クラッカー代	2.160
			貸衣装	5.400
			写真代	8.640
			装飾品他	15.120
			次回繰越金	25.440
合計			合計	

＜ 収 支 報 告 ＞

2 列の合計（SUM）を求める

「計算式」画面が表示されるので、「計算式」欄に「＝SUM(ABOVE)」と表示されていることを確認します❶。「表示形式」欄の▽をクリックし❷、「桁区切り」の表示形式を選択します❸。右下に表示される［OK］をクリックします❹。

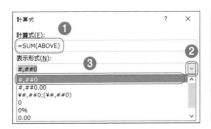

ワードの計算機能を理解する

「計算式」に表示される「ABOVE」は、選択したセルの上側の連続したセルという意味です。離れたセルの計算をする場合は、「計算式」欄にセルの位置と式を直接入力します。セルの位置はエクセルと同様に、左上から順番に数えます（下図参照）。なお、表内の数字を変更しても、エクセルのように自動で再計算されません。再計算するには、計算結果のセルを右クリックして、「フィールドの更新」を選ぶか、計算結果のセルを選択し、 F9 キーを押します。

計算式の例
「＝A1＋D1」（足し算）
「＝A2－C2」（引き算）
「＝A3*B3」（掛け算）
「D2/D3」（割り算）

ひとくちメモ

	1列目	2列目	3列目	4列目
1行目	A1	B1	C1	D1
2行目	A2	B2	C2	D2
3行目	A3	B3	C3	D3

名前を直接印刷した

祝儀袋・不祝儀袋

06_祝儀袋.docx
06_不祝儀袋.docx

筆が苦手な人は、冠婚葬祭ののし袋に名前を書くとき苦労します。
そんなときはパソコンを使ってのし袋に直接印刷しましょう。

あると便利な日常の貼り紙や書類

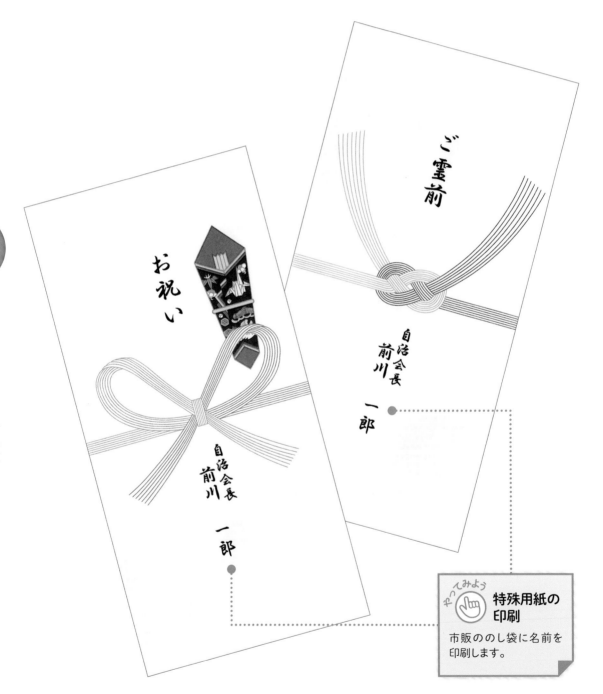

特殊用紙の
印刷

市販ののし袋に名前を
印刷します。

文字の位置を指定して印刷する

冠婚葬祭ののし袋に印刷するには、用紙の設定をのし袋の大きさに合わせて、
テキストボックスを測定した位置に配置して作成します。

1 寸法を確認する

のし袋のサイズを実際に測っ
て、サイズを設定しましょう。
ここでは、「のし袋のサイズ」を
「90mm×180mm」、「文字
の位置」を、お祝いは「上から
30mm」、名前は「上から
105mm」で設定します。

2 用紙サイズ、余白を設定する

p.86の「ページ設定をする」を参考に、[用紙]タブを
クリックし❶、「用紙サイズ」欄の[幅]([90mm])、
[高さ]([180mm])を、🔁をクリックしてそれぞれ設
定します❷。[余白]タブをクリックし❸、「余白」欄の
[上]([30mm])、[下]、[左]、[右]([20mm])に
設定します❶。

3 テキストボックスを作成する

p.89の「テキストボックスを挿入する」を参考に、
テキストボックスを作成します❶。p.88の「フォント
を変更する」を参考に、筆書き調のフォント(ここで
は「HG行書体」)を選択し、フォ
ントサイズ(ここでは「28pt」)を
設定します❷。[サイズ変更ハン
ドル]で、文字が左右中央になる
ようにサイズを変更します❸。

4 テキストボックスを配置する

p.47手順②の「バー
スデーカード」を参考
に、配置ガイドが使用
できるよう設定し、テ
キストボックスを配置ガ
イドが表示される位置
(上端中央)にドラッグ
します❶。

5 テキストボックスをコピーして配置する

p.107の「図形を簡単
に複製する」を参考に、
「氏名」のテキストボッ
クスを作成します❶。
サイズ変更ハンドルを
ドラッグし、文字が左
右中央になるようにサ
イズを変更します❷。
ガイドが表示される位置
(中央)にドラッグしま
す❸。

6 位置を指定する

p.107の「図形
の位置を指定す
る」を参考に、
「氏名」のテキス
トボックスの垂直
方向の位置を指
定します❶。
[OK]をクリック
します❷。

市販のレベル用紙を使った

タッパーラベル

07_タッパーラベル
.docx

保存容器に貼るラベルは、容器のサイズに合わせて作成しておきましょう。
イラストなどを入れると見た目に楽しくなります。

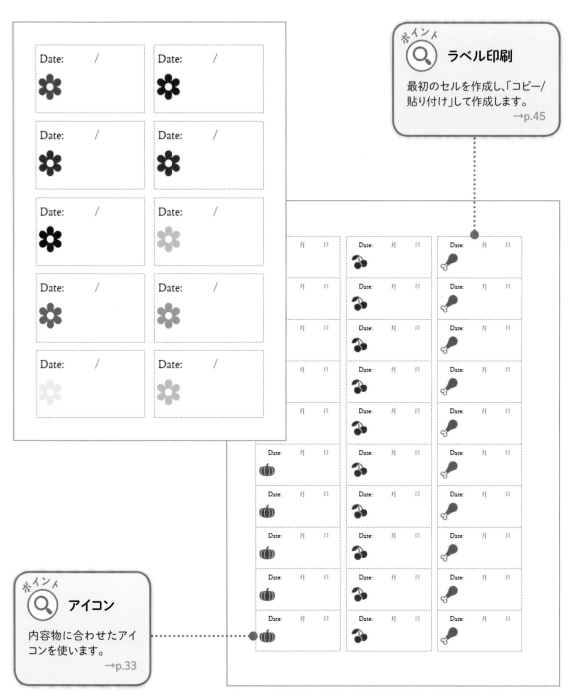

ポイント

ラベル印刷

最初のセルを作成し、「コピー/
貼り付け」して作成します。
→p.45

ポイント

アイコン

内容物に合わせたアイ
コンを使います。
→p.33

Chap 4

あると便利な日常の貼り紙や書類

76

白黒印刷でモノクロにした

FAXで送る
引っ越し案内

08_FAXで送る引っ越し案内①〜③.docx

カラー印刷した書類は、そのままFAXで送るとうまく表示されない場合があります。あらかじめ、プリンターの機能を利用して白黒で印刷しましょう。

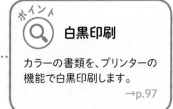

ポイント

🔍 白黒印刷

カラーの書類を、プリンターの機能で白黒印刷します。

→p.97

複数の言語で注意を掲載した

民泊禁止の貼り紙

09_民泊禁止.docx

ワードの翻訳機能を利用すれば、英語だけでなく、
さまざまな言語に翻訳することができます。

マンションは民泊禁止です
It is forbidden to lend a room to a traveller
여행자에 게 방을 빌려 주는 것은 금지 되어 있습니다
禁止把房间借给旅客

マンション管理組合

ポイント

翻訳

複数の言語で注意
書きを掲載します。
→p.35

アイコンを組み合わせてよりわかりやすくした

チラシお断りの貼り紙

10_チラシお断り.
docx

アイコンは、単体で使うだけでなく、組み合わせることでより効果を高めたり、
意味を強めることができます。

ポイント

アイコン

アイコンを組み合わせてわ
かりやすいイラストにします。
→p.33

手書き風文字と写真で注意を喚起する

猛犬注意！の貼り紙

11_猛犬注意!.docx

手書き風文字で注意を引くとともに、
写真をトリミングしてマークのように表示します。

ポイント
手書き風文字

CDに収録の手書き風
文字を貼り込みます。
→p.19

ポイント
**図形の塗りつぶし」
で画像を挿入**

基本図形（楕円）の塗りつぶしで
写真を挿入します。
→p.110〜111

Chap 4

あると便利な日常の貼り紙や書類

ワードアートで楽しい雰囲気を演出した

料理教室の案内

12_料理教室の案内
.docx

通常のフォントではなく、ワードアートを使うことで、
楽しそうな雰囲気を表現します。

ワードアート

ワードアートのさまざまな
効果を利用します。
→p.31

表組

重要な情報を表組で
見やすく表示します。
→p.96〜97

インパクトのある文書をつくることができる

そのまま使える イラスト・手書き風文字

チラシやポスターの訴求力を高めるには、イラストや手書き風の文字が効果的です。
Word 2019ではアイコンが利用できますが、本書に付属しているCD-ROMには、
イラストと手書き風の文字を収録しており、書類に貼り付けて利用することができます。
利用方法はp.85を参照してください。

素材カタログ

本書の一部の作例で使用しているイラストや手書き風の文字の素材を紹介しています。
文書のテーマに合ったものを選んで、色や大きさを変えたり、組み合わせを変えたりして使いましょう。

■ イラスト

ゴミ袋（黄）.png

ゴミ袋（青）.png

缶.png

空き瓶.png

新聞.png

段ボール.png

本（資源）.png

本.png

■ 手書き風文字1

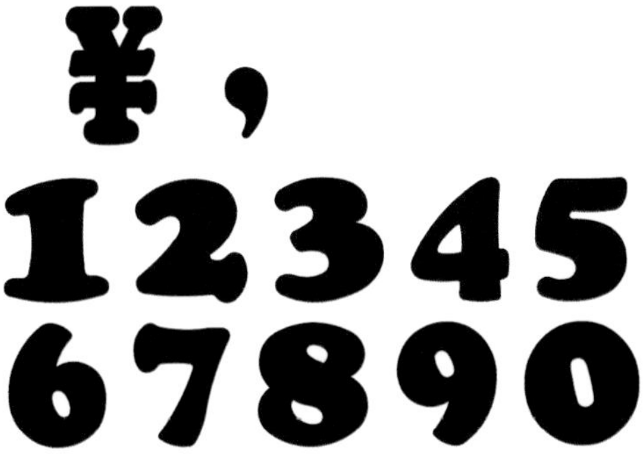

¥ ,
1 2 3 4 5
6 7 8 9 0

数字1.docx

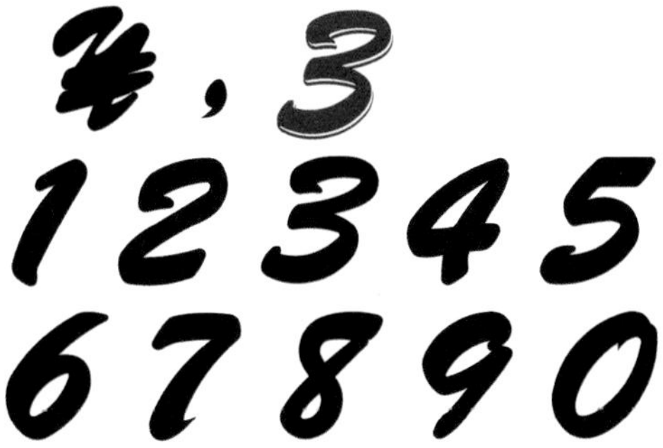

¥ , 3
1 2 3 4 5
6 7 8 9 0

数字2.docx

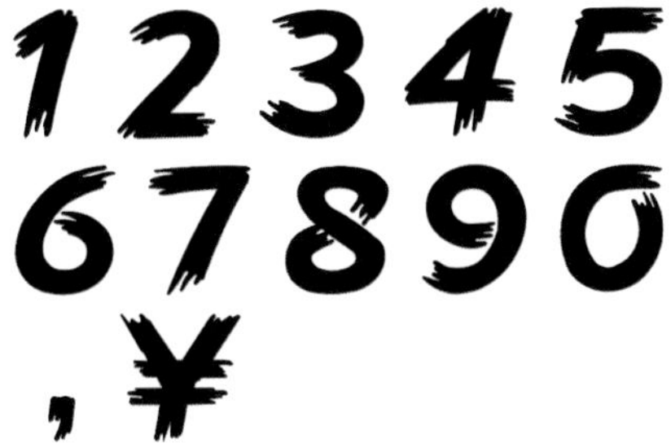

1 2 3 4 5
6 7 8 9 0
, ¥

数字3.docx

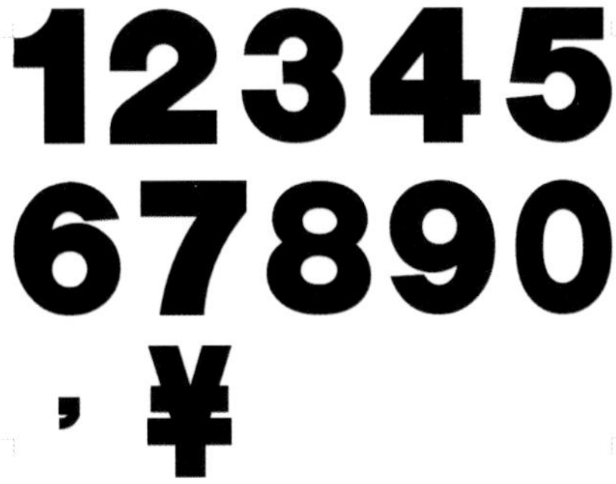

1 2 3 4 5
6 7 8 9 0
, ¥

数字4.docx

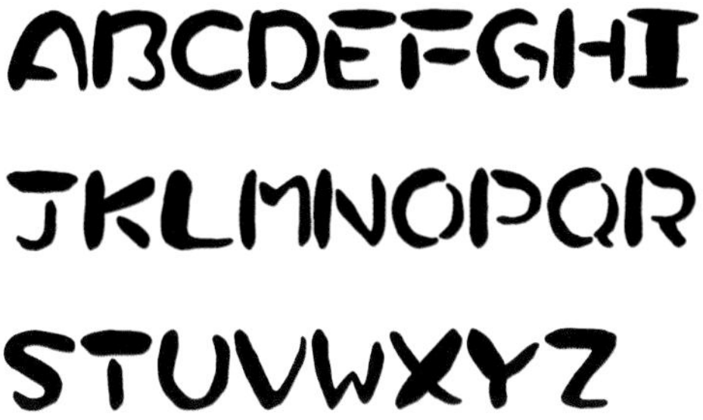

A B C D E F G H I
J K L M N O P Q R
S T U V W X Y Z

文字（アルファベット1）.docx

A B C D E F G
H I J K L M N
O P Q R S T
U V W X Y Z

文字（アルファベット2）.docx

臨時休業 臨時休業

文字1（臨時）.docx

防犯防犯

文字3（防犯）.docx

猛犬注意 猛犬注意

文字2（猛犬）.docx

アルバイト

文字4（アルバイト）.docx

募集募集

文字5（募集）.docx

ひとくちメモ

**手書き風文字には
パーツに分解できるものもある**

手書き風文字はすべて1文字ずつ画像として利用できる形式になっていますが、文字によってはさらに細かいパーツに分解できるものもあります。分解できる文字は、「描画ツール」の［書式］タブをクリックし、「配置」グループの［グループ化］をクリックして、［グループ解除］をクリックすると、パーツに分解できます。分解されたパーツは、それぞれ色や大きさを変更することができます。

収録素材の使い方

付属のCD-ROMに収録されているイラストは、以下の手順で利用できます。
手書き風文字はワードファイルに保存されています。利用方法はp.19を参照してください。

1 [図の挿入]画面を表示する

ワードを開き、収録素材を挿入したい箇所にカーソルを置きます❶。付属のCD-ROMをパソコンのドライブにセットします。[自動再生]画面が表示されたら、[閉じる]をクリックします。[挿入]タブをクリックし❷、「図」グループの[画像]をクリックします❸。

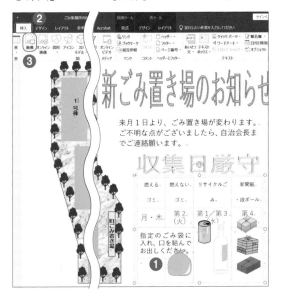

2 DVDドライブを表示する

[図の挿入]画面が表示されます。左の一覧から[PC]をクリックし❶、[DVDドライブ](お使いの機器によって名称は異なります)をダブルクリックします❷。

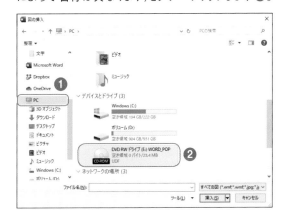

3 使用するイラストのフォルダーを開く

ここではイラストを利用するので、フォルダーの一覧で[素材]フォルダーをダブルクリックし、[イラスト]フォルダーをダブルクリックします❶。

4 大きさを調整して配置する

ファイルの種類をクリックして、[すべての図](標準では[すべての図]が選択されています)を選択します❶。挿入したいイラストのファイルをクリックし❷、[挿入]をクリックします❸。素材画像が挿入されます。

ワードの基本操作

ワードで書類をつくるために覚えておくと便利な基本の操作について解説します。紹介している手順を参考にすれば、本書の作例だけでなく、さまざまな書類をつくるのに役立ちます。

01 ページ設定をする
ページ設定

ワードの初期設定では用紙サイズはA4に設定されています。用紙サイズや余白、文字数／行数は「ページ設定」ダイアログボックスでまとめて変更できます。

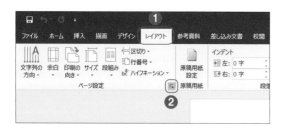

1 「ページ設定」ダイアログボックスを表示する

[レイアウト]タブをクリックし❶、[ページ設定]グループの右下の🗔をクリックします❷。

📋 ページ設定は「用紙サイズ」、「余白」、「文字数と行数」の順に設定します。

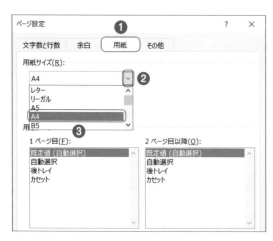

2 用紙サイズを選択する

「ページ設定」画面が表示されるので、[用紙]タブをクリックし❶、「用紙サイズ」欄の🔽をクリックし❷、一覧から[目的の用紙]をクリックします❸。

📋 用紙サイズは、[レイアウト]タブの「ページ設定グループ」の[サイズ]をクリックしても、選択することができます。「余白」や「文字数」などの設定が不要な場合はこちらから設定します。

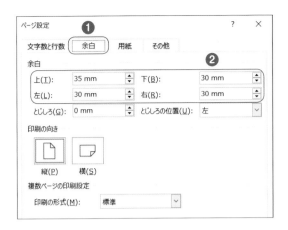

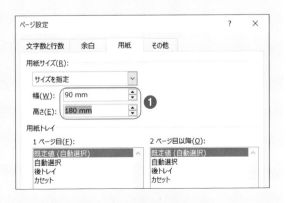

3 余白を設定する

［余白］タブをクリックし❶、「余白」欄の上下左右の各数字を設定します❷。

「印刷の向き」を変更する場合は、余白より先に設定します。

4 文字数と行数を設定する

［文字数と行数］タブをクリックします❶。「文字方向」欄で文字方向（縦書き、横書き）の指定ができます❷。「文字数と行数の指定」欄で、文字数や行数を指定する方法を選択します❸。「文字数と行数を指定する」を選択した場合は、「文字数」欄で［文字数］を指定し❹、「行数」欄で、［行数］を指定します❺。なお、「文字数」、「行数」欄の右に指定できる数字が表示されます。［OK］をクリックします❻。

ワンポイントアドバイス

用紙サイズを直接指定したい場合は、p.86手順2の画面で、［幅］、［高さ］の をクリックしてそれぞれ設定します❶。なお、数値を直接入力することもできます。

87

02 フォントを変更する

書式設定

ワードのフォントは、Word 2019では「游明朝」のように、標準では既定のフォントが設定されていますが、変更することができます。

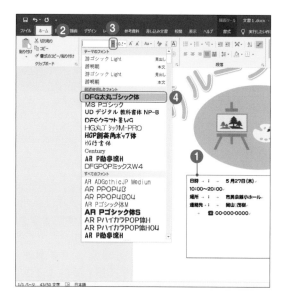

1 テキストボックスのフォントを設定する

入力したテキストボックスの枠線をクリックして選択します❶。[ホーム]タブをクリックし❷、「フォント」グループの「フォント」ボックスの⬇をクリックします❸。一覧から[目的のフォント]をクリックします❹。

テキストボックス全体ではなく、部分的に変更したい場合は、設定したい部分をドラッグして選択し、設定します。

03 フォントサイズを変更する

書式設定

フォントのサイズ(大きさ)は、変更することができます。なお、フォントサイズを変更すると、行間などが自動的に調整されます。

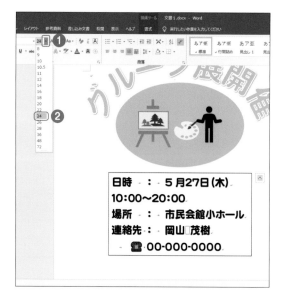

1 フォントサイズを変更する

テキストボックスの枠線をクリックしてテキストボックス全体を選択するか、設定したい部分をドラッグして選択します。「フォントサイズ」ボックスの⬇をクリックし❶、一覧から[目的のフォントサイズ]をクリックします❷。

一覧にないフォントサイズを設定する場合は、[フォントサイズ]ボックスをクリックし、直接目的のフォントサイズを入力します。

04 テキストボックスを挿入する

文字配置

文字を書類の好きな位置に配置する場合にはテキストボックスを利用します。同じページに横書きと縦書きを混在させたい場合にもテキストボックスを利用します。

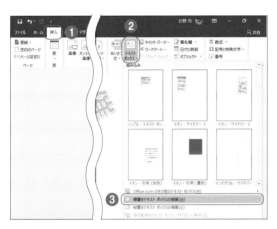

1 横書きのテキストボックスを作成する

[挿入]タブをクリックし❶、「テキスト」グループの[テキストボックス]をクリックします❷。一覧から[横書きテキストボックスの描画]をクリックします❸。

📋 縦書きのテキストを作成する場合は[縦書きテキストボックスの描画]をクリックします。

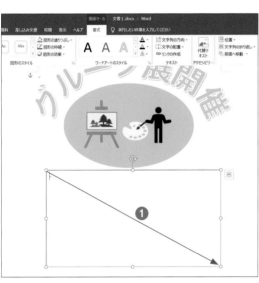

2 テキストボックスを配置する

目的の場所でドラッグしてテキストボックスを描きます❶。テキストボックスの位置や大きさは、変更することができます。

📋 「図」グループの[図形]からもテキストボックスを描画することができます。

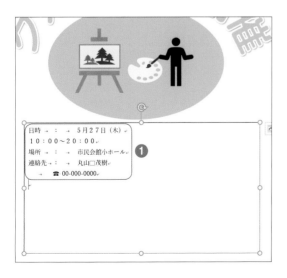

3 文字を入力する

描画したテキストボックス内にカーソルが表示されるので、文字を入力します❶。

📋 作成後に縦書き、横書きを変更する場合は、テキストボックスを選択し、[書式]タブをクリックして、「テキスト」グループの[文字列の方向]をクリックします。

05 均等割り付けで文字列を揃える

書式設定

箇条書きの各項目の横幅は、スペースを使って揃えることができない場合でも、「均等割り付け」を使うときれいに揃えることができます。

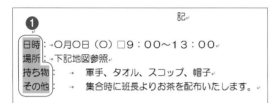

1 均等割り付けをしたい文字列を選択する

均等割り付けする文字列を、 Ctrl キーを押しながら選択します❶。この際、文字列だけを選択します。改行マークを含めて選択すると、段落に均等に割り付けになってしまいます。

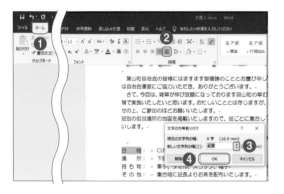

2 均等割り付けを設定する

[ホーム]タブをクリックし❶、「段落」グループの[均等割り付け]をクリックします❷。「文字の均等割り付け」画面の「新しい文字列の幅」欄の数字を、 ⬍ で目的の文字数に設定し❸、[OK]をクリックします❹。

06 罫線でページを囲む

装飾

ページを囲む飾り罫線は、シンプルなものやさまざまな絵柄の罫線も用意されているので、その書類に合った設定することができます。

1 「線種とページ罫線と網かけの設定」ウィンドウを表示する

[デザイン]タブをクリックし❶、「ページの背景」グループの[ページ罫線]をクリックします❷。

2 ページ罫線を設定する

「線種とページ罫線と網かけの設定」画面で、「種類」欄の[囲む]をクリックします❶。「種類（Y）」欄の「絵柄」の✔をクリックし❷、絵柄の一覧から[目的の絵柄]をクリックします❸。なお、「種類（Y）」欄の「線の太さ（W）:」の数字を変更すると、「絵柄」の大きさが変更できます。

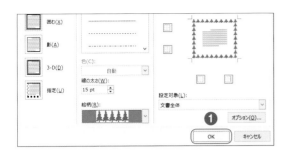

3 設定を確認する

「プレビュー」欄の「設定対象」が[文書全体]になっているのを確認し、[OK]をクリックします❶。

07

図と画像

オンライン画像を挿入する

パソコンにインターネット環境があれば、ネット上のイラストや画像が利用できます。目的に合ったものを検索して活用しましょう。なお、著作権には注意が必要です。

1 オンライン画像の検索画面を表示する

[挿入]タブをクリックし❶、「図」グループの[オンライン画像]をクリックします❷。

2 イラストや画像を検索する

「オンライン画像」画面が表示されるので、検索欄に[検索ワード]を入力し❶、 Enter キーを押します。検索されたイラストや画像が表示されます。一覧から[目的の画像]をクリックし❷、[挿入]をクリックします❸。なお、画像は複数選択することもできます。

3 画像を前面に配置する

[レイアウトオプション]をクリックし❶、一覧から[前面]をクリックします❷。

📋 手順❷で表示される「Creative Commons」は、インターネット時代のための新しい著作権ルールであるクリエイティブ・コモンズ・ライセンス（CCライセンス）を提供している組織、またはそのプロジェクトです。著作物（ここでは図や画像）の利用者は、このCCライセンスの条件内で、著作物の利用や配布ができます。

08 印刷範囲を確認する

印刷

プリンターには印刷範囲があり、範囲外にある文字などは印刷されません。ご自分のプリンターの印刷範囲を知っておくと、ハガキなどの小さな書類を作成する場合に便利です。

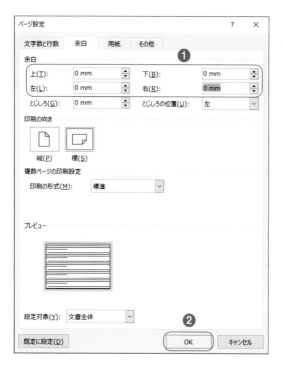

1 余白の設定を「0」にする

p.87手順❸を参考に、余白の設定画面で、上下左右の数字をすべて[0]に設定し❶、[OK]をクリックします❷。

2 確認画面で[修正]をクリックする

確認画面（Microsoft Word）が表示されるので、[修正]をクリックします❶。

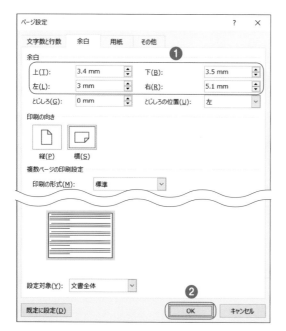

3 印刷範囲を確認する

余白の設定画面に戻り、プリンターの印刷範囲の余白が設定されます❶。表示された上下左右の数字がプリンターの印刷範囲です。この数字は、プリンターによって異なります。[OK]をクリックします❷。余白が印刷範囲内に自動で設定されます。

09 段組みを利用する

ページ設定

見開きの書類は、段組みを利用すると簡単に作成できます。
グリーティングカードや運動会、音楽会などのプログラムの作成に便利です。

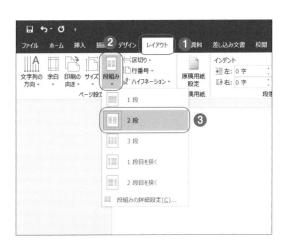

1 タイトル

[レイアウト]タブをクリックします❶。「ページ設定」
グループの[段組み]をクリックし❷、一覧から段
の数(ここでは[2段])をクリックします❸。

2 区切りを設定する

「ページ設定」グループの[区切り]をクリックし❶、
一覧から[段区切り]をクリックします❷。次の段
の先頭にカーソルが表示されます❸。

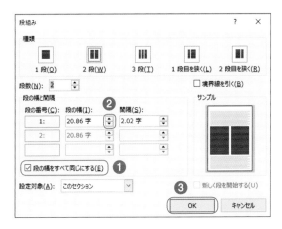

3 段の幅を変更する

「ページ設定」グループの[段組み]をクリックし、
一覧から[段組みの詳細設定]をクリックします。
「段組み」画面で、「段の幅をすべて同じにする」の
チェックを外します❶。「段の幅と間隔」欄の「段の
幅」の❖で段の幅を指定します❷。[OK]をクリック
します❸。

93

10 文字幅を変えて横長にする

入力した文字の幅を変更することができます。幅を広くしたり、狭くしたりすることで、見出し文字にして目立たせたり、決まったスペースに文字を収めることができます。

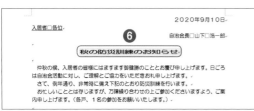

1 文字を横長にする

設定する文字をドラッグして選択します❶。[ホーム]タブをクリックし❷「段落」グループの[拡張書式]をクリックします❸。一覧から[文字の拡大/縮小]にマウスポインタを合わせ❹、[目的の変形率（%）]をクリックします❺。文字の幅が変更されます❻。

📋 一覧にない変形率を指定する場合は、[その他]をクリックし、「文字幅と間隔」欄の[倍率]で目的の倍率（%）を設定します。

11 文字と文字の間隔を調節する

見出しやタイトルでは、文字間隔を狭くすると、言葉の内容が集約された印象になり、逆に広くすると、ゆったりした印象を与えます。

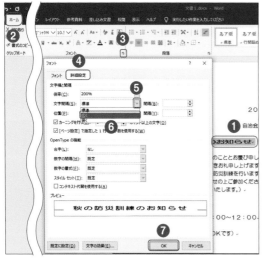

1 文字間隔を設定する

設定する文字をドラッグして選択します❶。[ホーム]タブをクリックし❷、「フォント」グループの🔲をクリックします❸。「フォント」画面が表示されるので、[詳細設定]タブをクリックします❹。「文字幅と間隔」欄の[文字間隔]の🔽をクリックし❺、一覧から[広く]をクリックして❻、[OK]をクリックします❼。文字間隔が変更されます❽。

📋 「間隔」欄の🔼で、文字の間隔を数値で設定することもできます。1Pは0.35mmです。

12 段落単位で行間隔を変更する

書式設定

ページ内の行間は、ページ設定で指定した行数やフォントサイズなどで設定されます。
行間が広すぎて読みにくくなる場合は、段落単位で行間を指定することができます。

1 行間を設定する

行間を変更する段落を選択します。[ホーム]タブを
クリックし、「段落」グループの ⌐ をクリックします。
「段落」画面が表示されるので、[インデントと行間
隔]タブをクリックします❶。「間隔」欄の[行間]の
▽をクリックし❷、一覧から[固定値]をクリックしま
す❸。「間隔」の ▪ で行間隔の数値を設定します
❹。[OK]をクリックします❺。

> フォントサイズによって、行間は自動的に設
> 定されます。ただし、行間が変わるフォントサ
> イズの範囲には幅があり、「8P～12P」
> 「16P～24P」となります。そのため、16P
> の時の行間は24Pと同じ行間になり、行間
> が広すぎて読みにくくなったり、枠内に収まら
> ない場合があります。

13 段落と段落の間隔を変更する

書式設定

見出しなどの前後に行間をあける場合、改行すると1行分の行間が開いてしまいます。
1行分の行間を開けたくない場合は段落と段落の間隔を変更します。

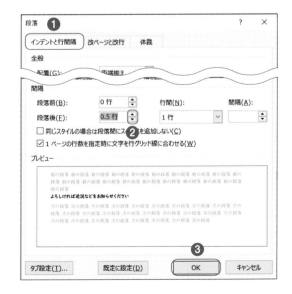

1 段落前後の間隔を設定する

前後の段落との間隔を変更する段落を選択し、
上記の「段落単位で行間隔を変更する」を参考に
「段落」画面を表示します。[インデントと行間隔]タ
ブをクリックし❶、「間隔」欄の[段落後]の ▪ で行
単位の数値を設定します❷。[OK]をクリックしま
す❸。

14 表を挿入する

表

住所録や名簿に利用する表は、[挿入]から簡単に作成できます。

1 表を挿入する

表を挿入する位置にカーソルを置きます①。[挿入]タブをクリックし②、「表」グループの[表]をクリックします③。必要な行数、列数のところでクリックすると④、表が挿入されます。行数、列数が多い場合は、[表の挿入]をクリックし⑤、「表の挿入」画面で「表サイズ」欄の[列数]、[行数]を▼でそれぞれ設定します⑥。列数や行数は、直接入力もできます。

15 表の列幅や行の高さを調整する

表

表の列幅や行の高さを変更するときは、セルの境界線をドラッグするのが簡単な方法ですが、フォームが決まっているときは、列幅や行の高さを数値で設定することもできます。

1 境界線をドラッグして変更する

列または行の境界線でマウスポインターが ╫ に変わったところでドラッグします①。列幅や行の高さが変更されます。単純に表のサイズを変更したい場合は、「表」にカーソルを置き、右下のサイズハンドルをドラッグすると「表」を拡大、縮小することができます②。

2 数値で指定する

変更する列または行にカーソルを置きます①。[レイアウト]タブをクリックし②、「セルサイズ」グループの[高さ]または[幅]の▼で数値を設定します③。数値は直接入力することもできます。

16 セル内の文字の配置を設定する

表

セル内に配置された文字は、ワードの規定値では「上揃え（左）」になっています。
セルのサイズ変更や、セルを結合したときは文字の配置を設定します。

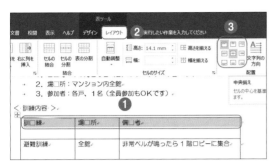

1 文字の配置を設定する

文字の配置を設定するセルを選択します①。[レイアウト]タブをクリックし②、「配置」グループから選択してクリックします③。文字が中央に配置されます④。

17 白黒印刷をする

表

プリンターの印刷機能に、「モノクロ印刷」や「グレースケール」があります。
FAXで送る書類はこの機能を使って白黒印刷して送付します。

1 印刷を選ぶ

[ファイル]タブをクリックし、一覧から[印刷]をクリックします①。「印刷」画面で、「プリンター」欄の[プリンターのプロパティ]をクリックします②。

2 数値で指定する

「プリンターのプロパティ」画面で「追加する機能」欄の[モノクロ印刷のチェックボックス]をチェックし①、[OK]をクリックします②。「印刷」画面に戻るので、[印刷]をクリックします。

図形の基本操作

図形の基本操作がマスターできれば、地図や案内図だけでなく、さまざまな
図をつくるときに役立ちます。ここでは、本書の作例に即した操作だけでなく、
一般的な図形の作成に必要な操作も合わせて解説します。

01 グリッド線を設定する

環境

図形を描く際に、「グリッド線」を表示しておくと、図形を配置するときに便利です。[表示]
タブの[グリッド線]だけでは、横のグリッド線しか表示できないので、「グリッド線」の設定
で、格子状に表示できるようにします。

1 「グリッドとガイド」を表示する

[レイアウト]タブをクリックし❶、[ページ設定]グル
ープの🔲をクリックします❷。「ページ設定」画面が
表示されるので、[文字数と行数]タブをクリックし
❸、[グリッド線]をクリックします❹。

2 「グリッド線」を設定する

「グリッドとガイド」画面で、「グリッドの表示」欄から
[グリッド線を表示する]のチェックボックスをクリッ
クしてチェックを付けます❶。[文字グリッド線を表
示する間隔（本）]をクリックし❷、🔼で本数を設定
します❸。[OK]をクリックすると❹、格子状の「グ
リッド線」が表示されます。

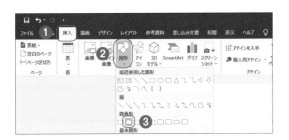

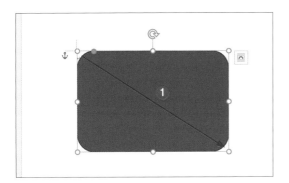

02 定型の図形を描く

図形には、「線」、「四角形」、「基本図形」など、グループ分けされた図形が登録されています。これらを使うと、定型の図形が簡単に描けます。

1 定型の図形から選択する

[挿入]タブをクリックします❶。「図」グループの[図形]をクリックし❷、一覧から目的の[図形](ここでは[四角形:頂点を丸くする])をクリックします❸。

2 図形を描く

図形を配置したい位置で、図形の頂点から対角線方向にマウスをドラッグすると、図形が作成できます❶。

> クリックするだけでも、図形は描けますが、大きさは既定値になります。 Shift キーを押しながらドラッグすると、正方形や正円が描けます。直線は、45度ごとに角度を変えながら線を引くことができます。

03 図形の書式をコピーして利用する

複数の図形に同じ書式(塗りつぶし、枠線、効果など)を設定する場合は、最初の図形に書式を設定し、「書式のコピー/貼り付け」を使うと、他の図形に簡単に設定できます。

1 書式をコピーする

書式を設定した図形を選択します❶。[ホーム]タブをクリックし❷、「クリップボード」グループの[書式のコピー/貼り付け]をクリックします❸。マウスポインタが🖌に変わります。

2 書式を適用する

書式を複製したい図形をクリックします❶。

04

直線を引く

ワードにはさまざまな図形描画機能が用意されています。
まずは、基本となるまっすぐな直接を描く手順を確認しましょう。

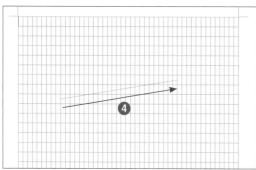

1 図形から直線を選択して線を引く

[挿入]タブをクリックし❶、「図」グループの[図形]
をクリックします❷。「線」グループの[直線]をクリッ
クし❸、線の始点から終点に向かってマウスでドラ
ッグします❹。

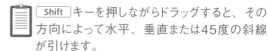 Shift キーを押しながらドラッグすると、その
方向によって水平、垂直または45度の斜線
が引けます。

図形を連続して描く場合は、描く図形を右ク
リックして選択し、[描画モードのロック]をクリ
ックすると、描画モードが解除されず連続して
図形が描けます。右クリックすると、描画モ
ードが解除されます。

05

角のある連続した直線を引く

角のある直線を描くときは、図形の「フリーフォーム」を使って、
角を順次クリックしながら一筆書きの要領で線を引いていきます。

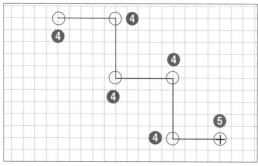

1 フリーフォームで描く

[挿入]タブをクリックし❶、「図」グループの[図形]
をクリックします❷。「線」グループの[フリーフォー
ム]をクリックし❸、角を順番にクリックしていき❹、
終点でダブルクリックします❺。

Shift キーを押しながら操作すると、45度ず
つ角度が変わります。

06 曲線を描く

曲線を描くときは、図形の「曲線」を使います。
描いた曲線は、頂点の編集で変形することができます。

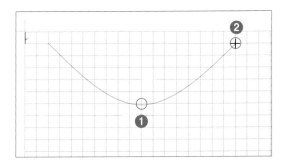

1 曲線を描く

p.100を参考に[挿入]タブをクリックし、「図」グループの[図形]をクリックして、「線」グループの[曲線]をクリックします。始点でクリックして、カーブの頂点でクリックし❶、終点でダブルクリックします❷。

❶の操作を繰り返すと連続した曲線を描けます。

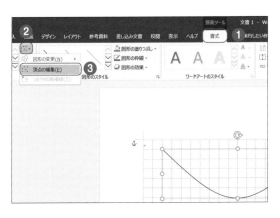

2 頂点を表示する

手順❶で描いた曲線を選択します。「描画ツール」の[書式]タブをクリックし❶、「図形の挿入」グループの[図形の編集]をクリックします❷。一覧から[頂点の編集]をクリックします❸。線が赤くなり、クリックした位置に頂点■が表示されます。

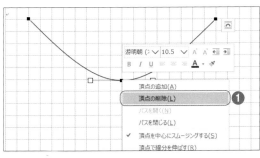

3 頂点を削除する

真ん中の頂点のところにマウスポインタを合わせ、✥になったところで右クリックし、一覧から[頂点の削除]をクリックします❶。頂点が削除され、両端に頂点が表示された直線に変わります。

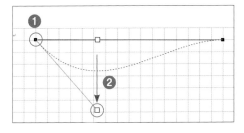

4 接線ハンドルで図形を変形する

端の頂点にマウスポインタを合わせ、✥になったところでクリックし、接線ハンドルを表示します❶。接線ハンドルをドラッグし、向きと長さを調整して変形します❷。もう片方の頂点でも同じ操作で変形すると曲線を変形できます❸。

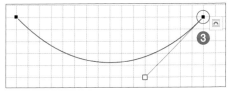

07 線の太さを変更する

作成した図形の枠線の太さは、初期状態では、基本図形などは1pt、線などは0.5ptで作成されます。この太さは、「図形の枠線」を使って変更できます。

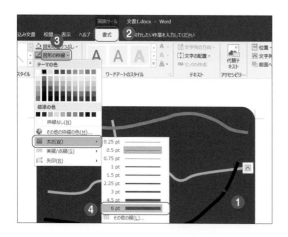

1 6ptまでの太さに変更する

変更する図形を選択します①。「描画ツール」の[書式]をクリックし②、「図形のスタイル」グループの[図形の枠線]をクリックします③。「太さ」にマウスポインタを合わせ、一覧から[6p]をクリックします④。

2 太さを自由に指定する

一覧にない太さや、直接太さを指定したい場合は、手順1の画面で「太さ」にマウスポインタを合わせ、一覧から「その他の線」を選択します。「図形の書式設定」画面が表示されるので、「幅」欄の数値変更ボタン⬍で変更するか、数値を直接入力して設定します①。

08 図形のスタイルを設定する

作成した図形の色は、既定では青色ですが、「図形のスタイル」グループから変更できます。また、「デザイン」タブの「配色」使って設定すると、全体の色をそれぞれのテーマで一括変更できます。

1 塗りつぶしの色を設定する

図形を選択します①。「描画ツール」の[書式]タブをクリックし②、「図形のスタイル」グループの[図形の塗りつぶし]をクリックします③。色パレットから[目的の色]をクリックします④。

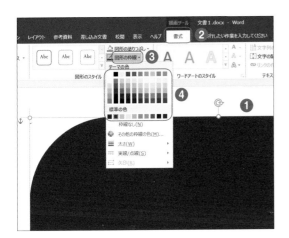

2 枠線の色を設定する

図形を選択します❶。「描画ツール」の[書式]タブをクリックし❷、「図形のスタイル」グループの[図形の枠線]をクリックします❸。色パレットから[目的の色]をクリックします❹。

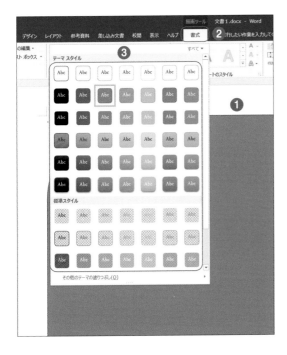

3 ワードに用意されたスタイルを設定する

図形を選択します❶。「描画ツール」の[書式]タブをクリックし❷、「図形のスタイル」グループの▽をクリックします。スタイル一覧から[目的のスタイル]をクリックします❸。

ワンポイントアドバイス

目的の色が「色パレット」にない場合は、一覧から[塗りつぶしの色]、[その他の枠線の色]をクリックします。色の設定画面で「標準」タブか「ユーザー設定」タブを選択して、目的の色を設定します。

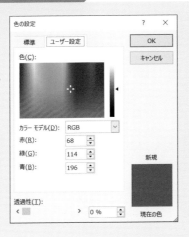

09 図形や図を変更する

書式

一度作成した図形や、挿入した図（イラスト、写真など）は別の図形、図に変更できます。
この操作では、書式やデザインが変わらないので便利です。

① 図形を変更する

変更したい図形を選択します❶。「描画ツール」の
[書式]タブをクリックし❷、「図形の挿入」グルー
プの[図形の編集]をクリックします❸。一覧の「図
形の変更」にマウスを合わせ、一覧から目的の図
形を選択します❹。

② 書式は元のままで図形が変更される

塗りつぶしの色や大きさなどの書式は元のままで、
図形だけが変更されます。

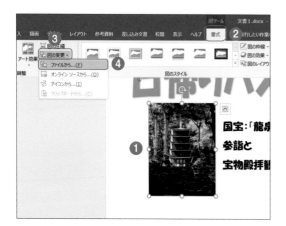

③ 図（イラスト、写真など）を変更する

変更したい図を選択します❶。「描画ツール」の
[書式]タブをクリックします❷。「調整」グループの
[図の変更]をクリックし❸、一覧から[ファイルか
ら]をクリックします❹。「図の挿入」画面で、目的
の図を選択します。

10 図形に影を設定する

書式

複数の図形を重ねたり、白紙の上に白い図形などを配置する場合に、「影」を設定すると重なりがうまく表現できます。

1 書式を設定する

文字を選択します（ここでは「¥」）❶。p.102〜103の「図形のスタイルを設定する」を参考に、[図形の塗りつぶし]で「赤」を選択します。同様に、[図形の枠線]で「太さ」を「3p」を選択します。

2 影を設定する

「描画ツール」の書式]タブをクリックし❶、「図形のスタイル」グループで[図形の効果]をクリックして❷、メニューから[影]にポインタを移動し、「外側」欄の[オフセット:右下]をクリックします❸。

3 影の書式を設定する

同様に[図形の効果]→[影]→[影のオプション]をクリックします。「図形の書式設定」画面の「距離」を「6pt」に設定します❶。

11

図形操作

図形を簡単に複製する

[ホーム]タブの[コピー]と[貼り付け]で図形を複製することもできますが、[Ctrl]キーを使うとより簡単に複製できます。

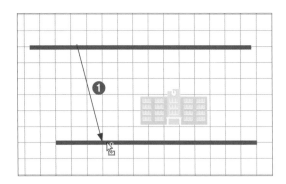

1 図形を複製する

図形にマウスポインタを合わせ、マウスポインタが💠になるところで[Ctrl]キーを押すと、マウスポインタが🔖に変わります。[Ctrl]キーを押したままドラッグします❶。図形を配置したいところでマウスを離すと、その位置に図形が作成されます。

📋 複数の図形を複製する場合は、複製する図形をすべて選択してから操作します。

12

図形操作

図形を変形する

定型図形の中には、大きさを変えられるだけでなく、変形できるものがあります。
それらには、選択時に「変形ハンドル」と呼ばれる○が表示されます。

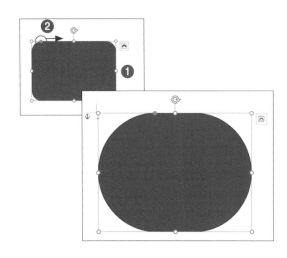

1 図形を変形する

作成した図形を選択します❶。変形ハンドル○にマウスを移動し、マウスポインタが▷に変わったら、ドラッグして変形させます❷。

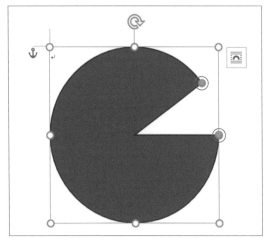

2 部分円を変形する

「部分円」では、変形ハンドルが2つ表示され、それぞれで変形できます。

13 図形の位置を指定する

作成した図形や図を、テキスト内の指定した位置に配置するには、レイアウトオプションの「詳細表示」を使います。印刷位置を計っておけばぴったり印刷できます。

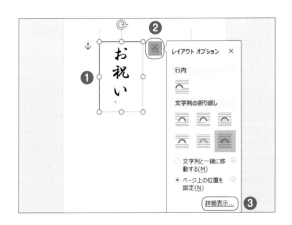

1 レイアウトオプションの詳細を表示する

挿入した「テキストボックス」を選択します❶。[レイアウトオプション]をクリックし❷、「詳細表示」をクリックします❸。

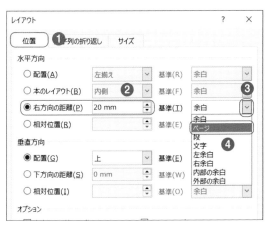

2 水平方向の位置を指定する

「レイアウト」画面で[位置]タブをクリックします❶。「水平方向」欄の「右方向の距離」をクリックして距離を指定し❷、「基準」の▾をクリックし❸、一覧から[ページ]をクリックします❹。

3 垂直方向の位置を指定する

「垂直方向」欄の「下方向の距離」をクリックして距離を指定し❶、「基準」の▾をクリックし❷、一覧から[ページ]をクリックします❸。[OK]をクリックします❹。テキストボックスが指定した位置に移動します。

14

図形操作

図形をコピーしたときに自動採番する

連続番号のある図形を作成する際に、「段落番号」を利用すると「コピー/貼り付け」操作で
自動採番できます。

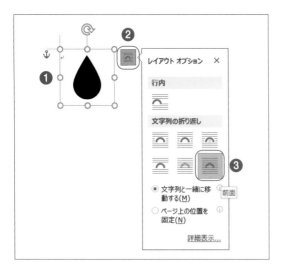

① アイコンとテキストボックスを挿入する

p.33を参考に［アイコン］を挿入し❶、［レイアウト
オプション］をクリックして❷、［前面］をクリックしま
す❸。p.89を参考に［テキストボックス］を挿入し、
p.102～103の「図形のスタイルを設定する」を
参考に、「図形の塗りつぶし」で［塗りつぶしなし］、
「図形の枠線」で［枠線なし］を選択します。同様に、
「ワードアートのスタイル」グループから、［文字の塗
りつぶし］を［白］に、「文字の効果」で「変形」→
「四角」を選択します。

② 段落番号を挿入する

「ホーム」タブをクリックし❶、「段落」グループの
［段落番号］の をクリックします❷。「番号ライブラ
リ」から「①、②、③」をクリックします❸。

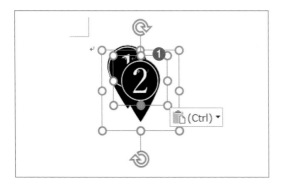

③ 図をコピー/貼り付けする

テキストボックスの大きさを設定し、アイコンの上
に配置します。p.53の「オブジェクトをグループ化
する」を参考にグループ化します。グループ化した
図を選択し、「ホーム」タブをクリックし、「クリップボ
ード」グループから［コピー］→［貼り付け］をクリック
します。
番号が自動採番された図形がコピーされます❶。

15

図加工

頂点の編集で図形を加工する

頂点の編集を利用すると、図形の形状を変更することができます。
地図などを作成するときの表現力が上がります。

図形の基本操作

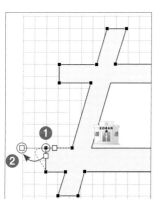 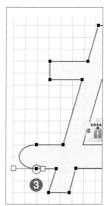

1 図形を変形する

p.101の「曲線を描く」の手順❷を参考に、頂点
を表示します。変形する頂点にマウスポインタを
合わせ、⊕になったところでクリックし、接線ハン
ドルを表示します❶。接線ハンドルをドラッグし、
向きと長さを調整して変形します❷。もう片方の
頂点でも同じ操作で変形すると図形が変形できま
す❸。

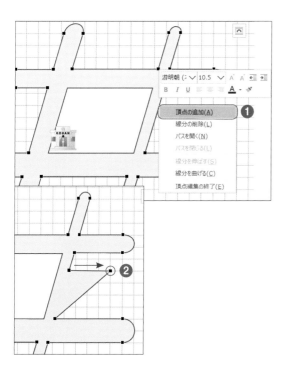

2 頂点を追加して変形する

頂点を追加したいところで右クリックし、一覧から
[頂点の追加]をクリックします❶。追加した頂点
にマウスポインタを合わせドラッグして頂点を移動し
ます❷。

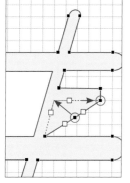 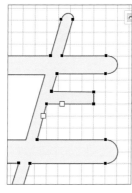

3 操作を繰り返す

上記の操作を繰り返すと、図形を変形することが
できます。

作例書類の つくり方

本書で紹介している作例をつくるための、実践的な操作を解説します。
手順を理解すれば、作例だけでなく、
オリジナルの書類をつくる場合にも役に立ちます。

01 「図形の塗りつぶし」で画像を挿入する

作例は
p.20

「図形の塗りつぶし」は色で塗りつぶすだけの機能ではありません。
図（画像）やテクスチャーを使って塗りつぶすこともできます。

1 サンプルの文字をコピーする

CD-ROM収録のファイルから、文字が入っている
ワードの文書（ここでは「文字7（アルファベット）
.docx」）を開きます。貼り付ける文字をクリックし
て選択します❶。複数同時に選択する場合は、
Ctrlキーを押しながら必要な文字をクリックします。
[ホーム]タブをクリックし❷、「クリップボード」グル
ープの[コピー]をクリックします❸。

2 サンプルの文字を貼り付ける

作成中の文書に戻って[ホーム]タブをクリックし
❶、「クリップボード」グループの[貼り付け]をクリッ
クします❷。

③ 塗りつぶしを設定する

挿入した文字を選択し❶、「描画ツール」の[書式]タブをクリックします❷。「図形のスタイル」グループの[図形の塗りつぶし]をクリックし❸、一覧から[図]をクリックします❹.

④ ファイルから図を挿入する

「図の挿入」画面が表示されるので、[ファイルから]をクリックします❶。

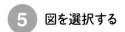

📋 「図の挿入」画面では、「オンライン画像」や「アイコン」からも同様な操作で挿入できます。

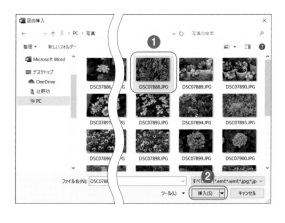

⑤ 図を選択する

「図の挿入」画面が表示されるので、目的の画像をクリックし❶、[挿入]をクリックします❷。

⑥ 結果を確認する

文字に画像が挿入されます❶。

02 図形を重ねて効果を強める

図形をうまく重ねると、図形の効果をより強めることができます。
強調したいポイントに使ってみましょう。

作例は
p.20

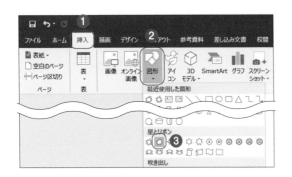

1 図形を挿入する

[挿入]タブをクリックし❶、「図」グループの[図形]をクリックします❷。「図形パレット」から挿入したい図形(ここでは[爆発:14pt])をクリックします❸。

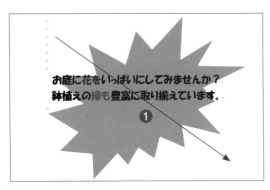

2 図形を描く

図形を配置したい位置で、図形の頂点から対角線方向にマウスをドラッグすると、図形が作成できます❶。

3 レイアウトを設定する

[レイアウトオプション]をクリックし❶、「レイアウトオプション」画面で、[詳細表示]をクリックします❷。

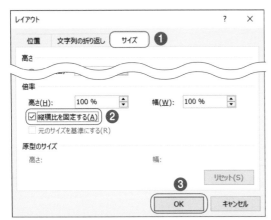

4 縦横比を固定する

「レイアウト」画面が表示されるので、[サイズ]タブをクリックし❶、「倍率」の「縦横比を固定する」チェックボックスをクリックしてチェックを付け❷、[OK]をクリックします❸。

5 デザインを変更する

[デザイン]タブをクリックし①、「ドキュメントの書式設定」グループの[配色]をクリックします②。「配色リスト」から設定したい色(ここでは[赤紫])をクリックします③。

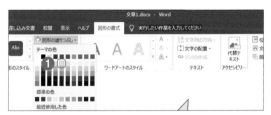

6 塗りつぶしの色を設定する

p.102～103の「図形のスタイルを設定する」を参考に、「色パレット」から設定したい色(ここでは[ピンク、アクセント1、白＋基本色80%])をクリックします①。

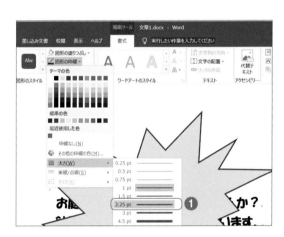

7 線の太さを設定する

p.102の「線の太さを変更する」を参考に、一覧から太さ(ここでは[2.25pt])をクリックします①。

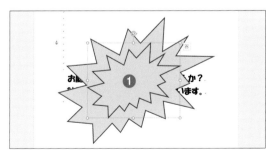

8 図形をコピー、貼り付けして重ねる

作成した図を選択します。p.106の「図形を簡単に複製する」を参考に、図形を複製し、サイズを調節します。同じ操作を繰り返し、必要な数だけ作成します①。

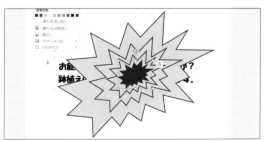

9 塗りつぶしと線の色を設定する

それぞれの図形に、p.102～103の「図形のスタイルを設定する」を参考に、「塗りつぶしの色」と「線の色」を設定します。

03 名簿を作成する

作例は
p.40

宛名印刷に利用できる名簿（作例では同窓会の名簿）を、作成します。
表題やタイトル行に注意が必要です。

1 ページ設定をする

p.86〜87の「ページ設定をする」を参考に、[余白]タブをクリックし❶、「印刷の向き」欄で[横]をクリックします❷。「余白」欄の「下」を25mm、「左」と「右」をそれぞれ20mmに設定して❸、[OK]をクリックします❹。

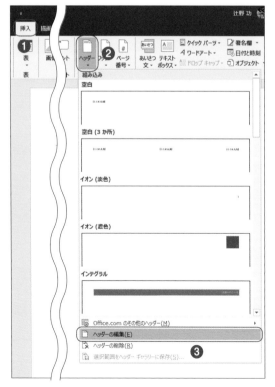

2 ヘッダーを編集する

[挿入]タブをクリックします❶。「ヘッダーとフッター」グループの[ヘッダー]をクリックし❷、一覧から[ヘッダーの編集]をクリックします❸。

表題は2ページ目以降にも表示したいので、ヘッダーに作成します。

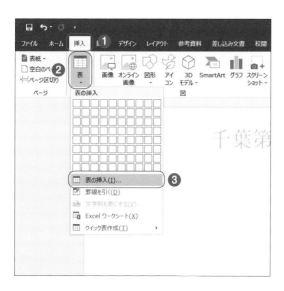

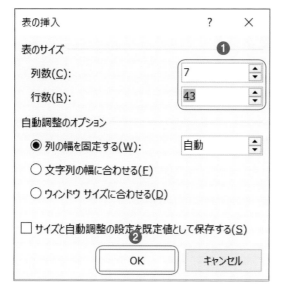

❸ ヘッダーを作成する

ヘッダーに、p.31の「やってみよう」を参考に、ワードアートで表題を作成します❶。

❹ ヘッダーの編集を終了する

［ヘッダーとフッター］タブをクリックし❶、「閉じる」グループの［ヘッダーとフッターを閉じる］をクリックします❷。

❺ 表を挿入する

［挿入］タブをクリックします❶。「表」グループの［表］をクリックし❷、一覧から［表の挿入］をクリックします❸。

❻ 表のサイズを設定する

「表の挿入」画面が表示されるので、「表のサイズ」欄の［列数］と［行数］を設定して❶、［OK］をクリックします❷。

> 行数は、名簿人数に少しプラスして設定しておくと便利です。空いた行は最終的に削除します。

7 タイトル行を作成する

表の1行目にタイトル名を入力します❶。

組	郵便番号	氏名	住所1	住所2	電話番号	メールアドレス
1	275-0025	遠山□充	習志野市秋津〇-△-□		047-4xx-xxxx	mitu-touyama@***.ne.jp

千葉第一中学校 第53期同窓会名簿

❶

8 列幅を調整する

2行目に、最初のデータを入力します❶。最初のデータは、列幅調整の基準になります。調節する列の罫線にマウスポインタを移動して、マウスポインタの形が ╂ になった所でドラッグして列幅を調節します。

千葉第一中学校 第53期同窓会名簿

組	郵便番号	氏名	住所1	住所2	電話番号	メールアドレス
1	275-0025	遠山□充	習志野市秋津〇-△-□		047-4xx-xxxx	mitu-touyama@***.ne.jp

❶

9 タイトル行に色を設定する

1行目の左端にマウスポインタを移動して、マウスポインタの形が ◢ になった所でクリックして1行目を選択します❶。

千葉第一中学校 第53期同窓会名簿

❶

組	郵便番号	氏名	住所1	住所2	電話番号	メールアドレス
1	275-0025	遠山□充	習志野市秋津〇-△-□		047-4xx-xxxx	mitu-touyama@***.ne.jp

10 色を選択する

[テーブルデザイン]タブをクリックします❶。「表の
スタイル」グループの[塗りつぶし]をクリックし❷、
色パレットから目的の[色]をクリックします❸。

11 データを入力する

名簿のデータをすべて入力します❶。p.41の「や
ってみよう」を参考に、タイトル行の自動挿入操作
をしておきます。

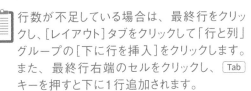

12 空白行を削除する

データをすべて入力した後に、空白の行が残る場
合は、空白行を選択し❶、[レイアウト]タブをクリ
ックします❷。「行と列」グループの[削除]をクリッ
クし❸、一覧から[行の削除]をクリックします❹。

行数が不足している場合は、最終行をクリッ
クし、[レイアウト]タブをクリックして「行と列」
グループの[下に行を挿入]をクリックします。
また、最終行右端のセルをクリックし、Tab
キーを押すと下に1行追加されます。

04 往復はがきを作成する

作例は
p.42

作成した名簿(同窓会の名簿)を利用して、「はがき宛名面印刷ウィザード」を利用し、
宛名印刷できる往復はがきを作成します。

**① 「はがき宛名面印刷ウィザード」を
起動する**

[差し込み文書]タブをクリックし❶、「作成」グループの[はがき印刷]をクリックします❷。 一覧から
[宛名面の作成]をクリックします❸。

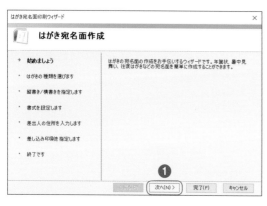

② 指示に従って操作する

「はがき宛名面印刷ウィザード」が起動します。「始めましょう」画面で[次へ]をクリックします❶。

ワンポイントアドバイス

Word 2019(Office 2019)は、デスクトップ版とUWP版という2種類のバージョンが存在しますが、UWP版のWordでは、2019年12月現在「はがき印刷ウィザード」が使えません(アイコンがグレーになっていてクリックできない)。使用しているWord 2019のバージョンの確認は、Windowsのスタートボタンを右クリックして表示されるメニューで、「アプリと機能」をクリックし、インストールされているアプリの一覧で行えます。UWP版は「Microsoft Office Desktop Apps」と表示され、デスクトップ版は「Microsoft Office Home and Business 2019 ja-jp」などのように、製品名が表示されます。UWP版の場合は、一旦UWP版をアンインストールして、「https://setup.office.com/」からデスクトップ版のインストールファイルを入手して、インストールすることで、「はがき宛名印刷ウィザード」が使えるようになります。なお、この際インターネットの接続環境とMicrosoftアカウント、Officeの情報アカウントが必要になります。

③ はがきの種類を選ぶ

「はがきの種類を選択してください」欄の[往復はがき]のチェックボックスをクリックしてチェックを付け❶、[次へ]をクリックします❷。

④ 縦書き／横書きを指定する

「はがきの様式を指定してください」欄の[縦書き]のチェックボックスをクリックしてチェックを付け❶、[次へ]をクリックします❷。

⑤ 書式を設定する

「宛名、差出人のフォントを指定してください」欄の∨をクリックし❶、一覧から[目的のフォント]をクリックして[次へ]をクリックします❷。

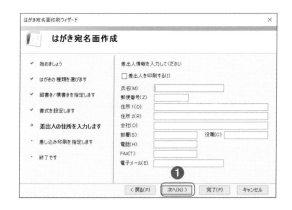

⑥ 差出人の住所を入力する

「差出人情報を入力してください」欄には、ここでは入力しません。空白のままで、[次へ]をクリックします❶。

7 差し込み印刷を指定する

「宛名に差し込む住所録を指定してください」欄の
[既存の住所ファイル]のチェックボックスをクリック
してチェックを付け❶、「住所録ファイル名」の[参
照]をクリックします❷。

宛先の敬称を変更する場合は、[宛先の敬
称]の❤をクリックし、一覧から[敬称]を選択
します。

8 使用する住所録ファイルを指定する

「住所所録ファイルを開く」画面で、住所録ファイ
ル（ここでは[同窓会名簿]）をクリックし❶、[開く]
をクリックします❷。前の画面に戻るので、[完了]
をクリックします。

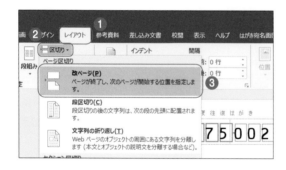

9 返信面を作成する

[レイアウト]タブをクリックし❶、「ページ設定」グル
ープの[区切り]をクリックします❷。一覧から[改
ページ]をクリックします❸。返信面が1ページ目
に作成できます。

背景は往信のままですが、レイアウトの参考
にします。

10 郵便番号欄をコピーする

2ページ目の「郵便番号」テキストボックスの枠線
をクリックして選択します❶。[ホーム]タブをクリッ
クし❷、「クリップボード」グループの[コピー]をクリ
ックします❸。

⓫ 郵便番号欄を貼り付ける

1ページ目の先頭にカーソルを移動し❶、「クリップボード」グループの[貼り付け]をクリックします❷。

⓬ 郵便番号欄を調整する

複製した「郵便番号」を背景の郵便番号欄の上に合うように移動し❶、郵便番号を変更します。

⓭ 文章を作成する

1ページの右側に、案内文を入力します。案内文の作成方法はp.123～124で解説しています。

14 返信の文章を作成する

2ページ目右側のテキストボックス内をクリックします❶。[書式]タブをクリックし❷、「テキスト」グループの[文字列の方向]をクリックします❸。一覧から[横書き]をクリックし❹、案内文を入力します❺。

15 住所録のレイアウトを確認する

[差し込み文書]タブをクリックし❶、「結果のプレビュー」グループの ◄ ◄ 1 ► ► の[次のレコード]をクリックしながら❷、差し込みデータをプレビューして確認します。

16 「住所2」がうまく表示されない場合は調整する

プレビュー時に「住所2」の住所がうまく表示されていない場合は、「住所」の表示されている枠を選択し、幅を広げます。「住所」の表示されている表組の罫線をドラッグして「住所2」が表示されるように、幅を調節して❶、全体が表示されるようにします。

05 はがきの案内文を作成する

往復はがきで使用した案内文の、作成方法を紹介します。
図形や色を使って重要な情報が目立つようにしましょう。

作例は
p.42

1 テキストボックスを挿入する

p.89の「テキストボックスを挿入する」を参考にテキストボックスを作成します❶。

2 文章を作成する

3行ほど改行し、案内文を入力します❶。タイトル用のテキストボックスを作成し、タイトルを入力します❷。p.88の「フォントを変更する」「フォントサイズを変更する」を参考に、フォントとフォントサイズを設定します。

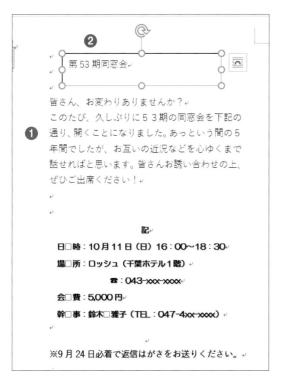

3 文字の色を設定する

[書式]タブをクリックし❶、「ワードアートのスタイル」グループの[文字の塗りつぶし]の[▼]をクリックします❷。色パレットから[赤]をクリックします❸。

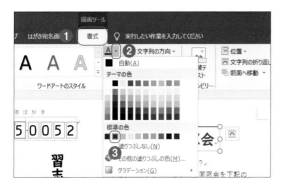

123

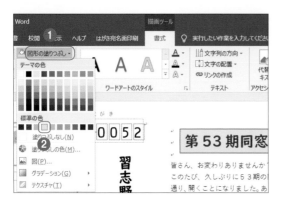

図形の色を設定する

「図形のスタイル」グループの［図形の塗りつぶし］をクリックします❶。色パレットから［黄］をクリックします❷。同様に、「図形の枠線」をクリックして、一覧から［枠線なし］をクリックし枠線を非表示にします。

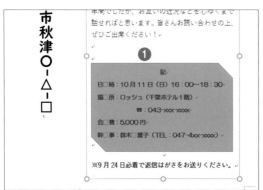

⑤ **図形を描く**

p.99の「定型の図形を描く」を参考に、箇条書き部分を囲うように図形を描画します❶。

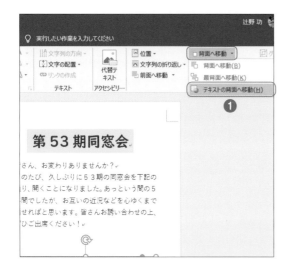

⑥ **図形の重ね順を変更する**

p.21の「やってみよう」を参考に、［テキストの背面へ移動］をクリックします❶。

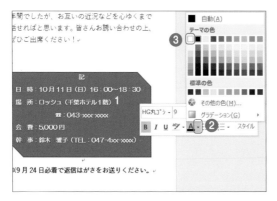

⑦ **箇条書きのフォントの色を設定する**

フォントを設定するテキストをドラッグして選択します❶。表示される「ミニツールバー」の［フォントの色］の［▼］をクリックし❷、色パレットから［白］をクリックします❸。

06 標識を作成する

図形を重ねることで、交通標識などをつくることができます。

作例は
p.68

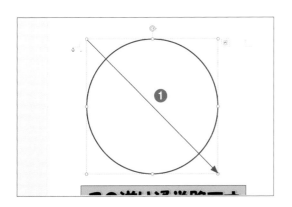

1 図形を作成する

p.99の「定型の図形を描く」を参考に「楕円」を選択し、Shift キーを押しながらドラッグして正円を作成します❶。同様に「"禁止"マーク」を選択し、Shift キーを押しながらドラッグして作成します。

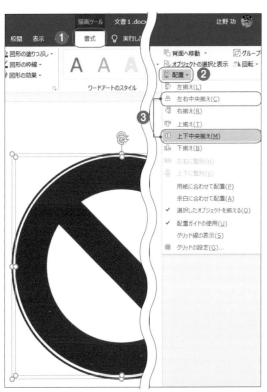

2 図形を上下中央に重ねる

Ctrl キーを押しながら、両方の図形を選択します。［書式］タブをクリックし❶、「配置」グループの［配置］をクリックします❷。一覧から［左右中央揃え］クリックし、同様に［上下中央揃え］クリックします❸。

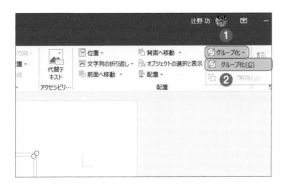

3 図形をグループ化する

「配置」グループの［グループ化］をクリックし❶、［グループ化］をクリックします❷。

索引

◤ 著者紹介

辻野功 (つじのいさお)
東京都八王子市でパソコン教室を主宰する。初心者にも理解できるやさしい操作で、わかりやすく解説するのが得意とするところ。日ごろから教室の生徒さんに質問されることの多い作品づくりのポイントやヒントを、本書に満載している。著書に『実例満載 Wordでできる 案内はがき・名簿・地図 すぐに使える定番書類のつくり方』『実例満載Wordでできる すぐに使えるPOP 広告・お知らせポスター・暮らしの書類のつくり方』(技術評論社)などがある。

じつれいまんさい
実例満載
ワード
Wordでできる
ポップ   あんないず   く
POP・はがき・案内図・暮らしで
やくだ   しょるい   かた
役立つ書類のつくり方

■カバー／本文デザイン   Kuwa Design
■カバー立体イラスト   長谷部真美子
■カバー写真撮影   広路和夫
■DTP   株式会社技術評論社 制作業務課
■編集   宮崎主哉

2020年 2月 8日   初版   第1刷発行

著者   辻野 功
            つじ の いさお
発行者   片岡 巌
発行所   株式会社技術評論社
            東京都新宿区市谷左内町21-13
            電話 03-3513-6150 販売促進部
                  03-3513-6160 書籍編集部

印刷/ 製本   大日本印刷株式会社

定価はカバーに表示してあります。

ISBN978-4-297-11083-3   C3055
Printed in Japan

◤ お問い合わせについて

本書に関するご質問については、本書に記載されている内容に関するもののみとさせていただきます。本書の内容と関係のないご質問につきましては、一切お答えできませんので、あらかじめご了承ください。また、電話でのご質問は受け付けておりませんので、必ずFAXか書面にて下記までお送りください。なお、ご質問の際には、必ず以下の項目を明記していただきますようお願いいたします。

1   お名前
2   返信先の住所またはFAX 番号
3   書名
    (実例満載 Wordでできる POP・はがき・案内図・暮らしで役立つ書類のつくり方)
4   本書の該当ページ
5   ご使用のOSとWordのバージョン
6   ご質問内容

お送りいただいたご質問には、できる限り迅速にお答えできるよう努力いたしておりますが、場合によってはお答えするまでに時間がかかることがあります。また、回答の期日をご指定なさっても、ご希望にお応えできるとは限りません。あらかじめご了承くださいますよう、お願いいたします。ご質問の際に記載いただいた個人情報はご質問の返答以外の目的には使用いたしません。また、返答後はすみやかに破棄させていただきます。

◤ お問い合わせ先

〒162-0846
東京都新宿区市谷左内町21-13
株式会社技術評論社   書籍編集部
「実例満載 Wordでできる POP・はがき・案内図・暮らしで役立つ書類のつくり方」
質問係
FAX 番号 03-3513-6167
URL:https://book.gihyo.jp/116

◤ お問い合わせの例

FAX

1   お名前
    技評　太郎
2   返信先の住所またはFAX 番号
    03-XXXX-XXXX
3   書名
    実例満載 Wordでできる POP・はがき・案内図・暮らしで役立つ書類のつくり方
4   本書の該当ページ
    106ページ
5   ご使用のOSとWordのバージョン
    Windows 10
    Word 2019
6   ご質問内容
    図形を複製できない